U0178901

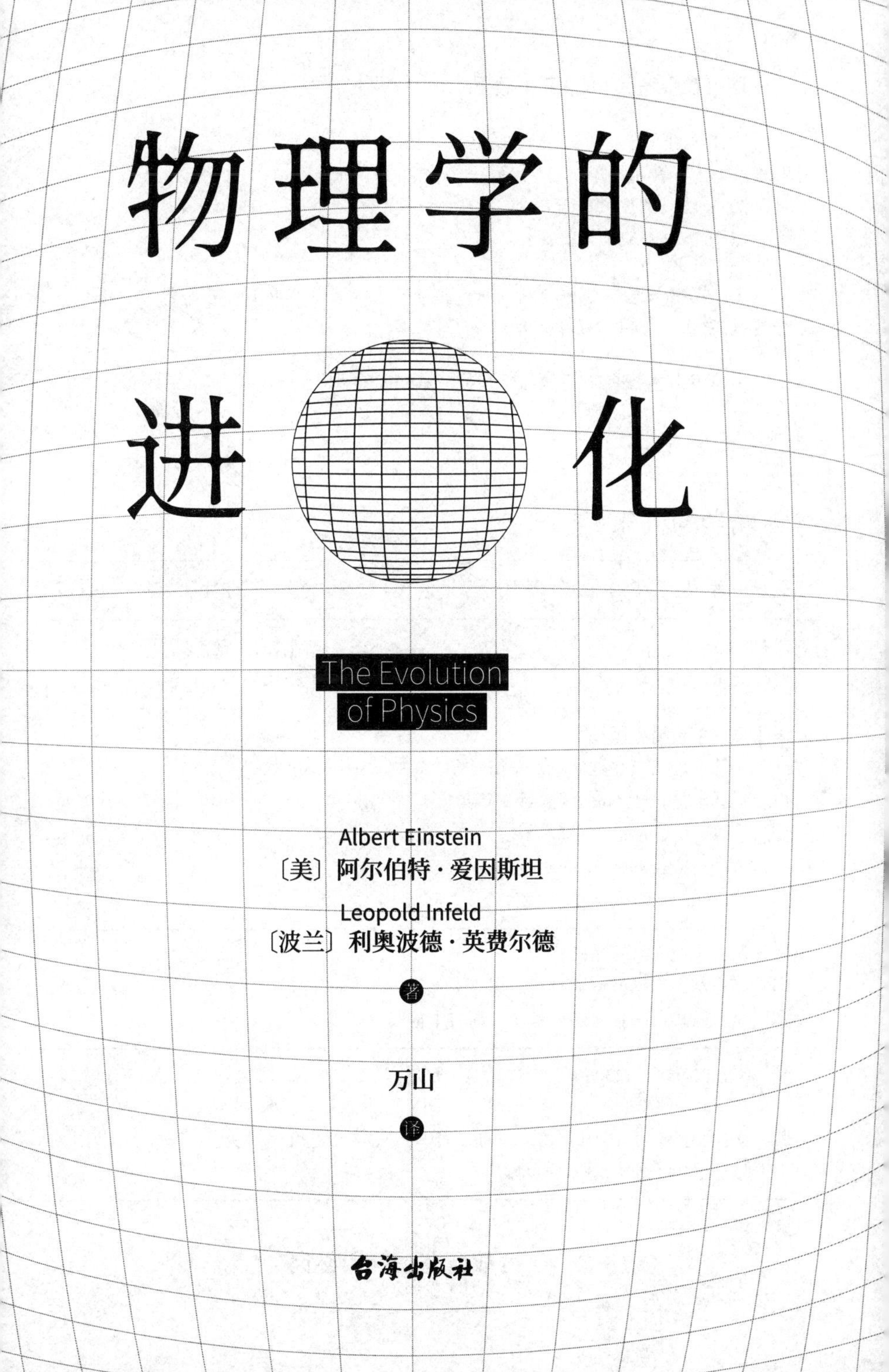

物理学的进化

The Evolution of Physics

Albert Einstein
〔美〕阿尔伯特·爱因斯坦
Leopold Infeld
〔波兰〕利奥波德·英费尔德
著

万山
译

台海出版社

图书在版编目（CIP）数据

物理学的进化 /（美）阿尔伯特· 爱因斯坦，（波）利奥波德·英费尔德著 ； 万山译. -- 北京 : 台海出版社，2021.2（2021.11重印）

ISBN 978-7-5168-2827-4

Ⅰ. ①物… Ⅱ. ①阿… ②利… ③万… Ⅲ. ①物理学史—世界 Ⅳ. ①04-091

中国版本图书馆CIP数据核字(2020)第239296号

物理学的进化

著　　者：〔美〕阿尔伯特·爱因斯坦〔波兰〕利奥波德·英费尔德　　译　　者：万山

出版人：蔡　旭　　装帧设计：ABOOK STUDIO 蔡炎斌 Design

责任编辑：王　艳　　策划编辑：村　上　苟　敏

出版发行：台海出版社

地　　址：北京市东城区景山东街20号　　邮政编码：100009

电　　话：010-64041652（发行，邮购）

传　　真：010-84045799（总编室）

网　　址：http://www.taimeng.org.cn/thcbs/default.htm

E-mail：thcbs@126.com

经　销：全国各地新华书店

印　刷：唐山市铭诚印刷有限公司

本书如有破损、缺页、装订错误，请与本社联系调换

开　本：880mm × 1230mm　　1/32

字　数：170千字　　印　　张：9

版　次：2021年2月第1版　　印　　次：2021年11月第2次印刷

书　号：ISBN 978-7-5168-2827-4

定　价：46.00元

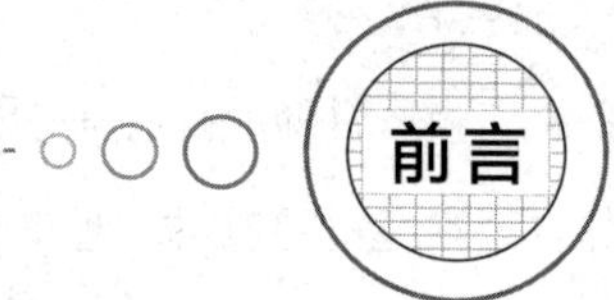

前言

开始阅读之前，想必有一些简单的问题有待解答——本书的写作目的是什么？它的目标读者又是谁？

要想一开始就得到清晰明了的解答是不容易的，而在书的最后再回答这些问题虽然更容易，但也没有必要了。我们认为仅仅说明这本书不想做的事情似乎更容易些：这不是一本物理学的教科书，不包括基础物理事实以及有关理论的系统课程。我们更多的是希望粗略描绘出人类孜孜不倦地寻找观念世界与现象世界联系的图景。试图展现是怎样的动力促使科学创造出符合客观事实的观念。但我们的描述必须简单易懂，必须穿过错综复杂的事实和概念，选择那些看起来最有代表性、最重要的东西。为了主要的目标，我们不得不在事实和理念里做出抉择，舍弃涉及不到的事实和理论。一个问题的重要性不能以答案所占篇幅的多少来衡量。因此一些关键的思想脉络被略去不是因为它们不重要，而是因为它们不在我们选择要走的捷径上。

写作本书之际，我们对本书的读者有哪些特质有过长久的讨论，并为此思索良久。我们想象中的他缺乏任何有关物理和数学的扎实知识，却有许多其他的美好品质：我们认为他对物理和哲学观念有兴趣，也欣赏他的耐心——因为尽管挣扎过，他依然走上了有些乏味且困难重重的道路；他知道想要理解任何一页的内容，必须将前一页读透彻；他知道即便是一本通俗的科普书籍，也不能像读小说一样读它。

阅读这本书是你我之间的一场简单对话。你可能会觉得它无聊或有趣，古板或令人惊奇。但假若本书的内容能给你一些启发，能让你了解极富创造力的人们为了充分理解物理现象的法则付出的恒久努力，那我们的目的就算达到了。

阿尔伯特·爱因斯坦　利·英费尔德

写于1938年

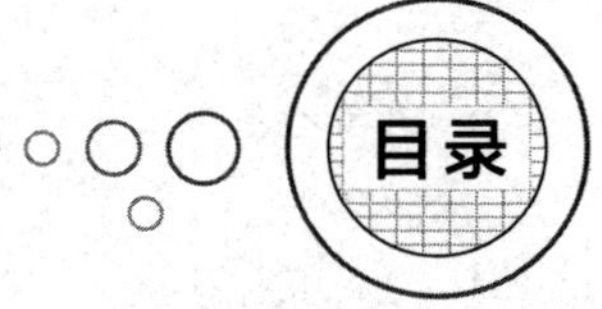

第一部分　机械观的兴起

第二部分　机械观的衰落

第三部分　场，相对论

第四部分　量子

机械观的兴起

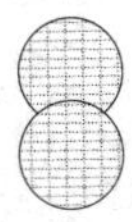

伟大的奥秘－第一条线索－矢量－运动之谜－还有一个线索－热是一种物质吗－起伏坡道－转化率－哲学背景－物质的运动论

伟大的奥秘

想象之中存在一个完美的解谜故事。它展现了所有的关键线索，迫使我们自己得出对答案的见解。如果我们小心求证，将在作者揭晓最终结论之前自己找到完备的解答。与那些较差的解谜故事不同，这个解答本身并不会让我们失望，不仅如此，它还会出现在每一个我们期望它出现的时刻。

我们能否将历代孜孜不倦地寻求自然奥秘之书答案的科学家们比作这样一本解谜之书的读者呢？这个比喻是不恰当的，不久将不得不被抛弃，但这个比喻多少有些合理之处，我们也许能通过延展和修正，使其更恰当地说明科学家们为解决宇宙奥秘所做的努力。

自然之书的伟大奥秘仍未解开，我们甚至无法认定是否存在一个终极答案。通过阅读我们已经学会了很多，它教会我们自然的基础语言，让我们能够理解许多解谜的线索，它们也是科学进步艰苦旅途中快乐与激情的源泉。但我们意识到，即使阅读过无数著作，我们离最终的答案依然很远，如果真的存在这样的答案的话。每一阶段，我们都试着用已经发现的蛛丝马迹来寻求解释。我们目前接受的理论已能解释许多现象，但是没能演变出一个可以兼容所有的已知线索的万能解答。经常有看上去完美的理论，却在进一步考证下被检验出尚不充分。新现象相继涌现，但不是与现有理论相悖，就是无法被其解释。我们了解得越多，就越发钦佩自然这本大书的完美结构，即使在前进的路上，完美的答案似乎离我们越来越遥远。

自柯南·道尔写出令人赞叹的故事之后，几乎每一部侦探小说中的侦探都要搜寻他所需要的所有线索，无论是否只是一时之需。这些线索常常显得十分古怪，断断续续而且毫无关联。然而，伟大的侦探知道，在此时此刻并不需要深入的调查，仅凭纯粹的思考就能找到已知线索间的关联性。所以，他拉一拉小提琴，或是懒洋洋地靠在扶手椅上抽烟斗。一刹那，他想到了！不仅能够解释已掌握的线索，还知道了接下来必将会发生的其他事。一旦瞄准突破口，如果他愿意，很可能就会去为自己的理论搜集更多佐证。

阅读自然之书的科学家如果只是老生常谈，他们也必定能找到可以自洽的理论；然而他们不能像缺乏耐心的小说读者常做的那样——一下就翻到书的结尾。对我们而言，读者就是调查者，在寻求一个答案，至少是浩繁篇章中的部分答案。所以为了获得哪怕一点点的解答，科学家也必须搜集所有能观察到的无序现象，并以创造性思维去梳理和解释它们。

在接下来的内容里，我们的目标大致是描述物理学家像调查者一样进行的纯粹思考工作。我们将主要关注思考和观念在探寻客观世界知识征途中的作用。

第一条线索

理解伟大的自然奥秘的企图和人类思维一样古老。然而，在300年之前，科学家们才真正开始了解这个奥秘所使用的语言。从那个时候开始，也就是伽利略和牛顿的时代，对自然奥秘之书的阅读速度得到了迅猛提升。观察的技巧、找寻和跟踪线索的系统方法都得到了发展。部分自然之谜得到了解答，尽管在其后更深入的研究中，大多数的解答被证实是片面而且肤浅的。

数千年来，因为其本身的复杂性而令人费解的最基础问题是运动。我们能在自然中观察到的所有运动，无论是一颗石子被抛掷到空中，还是一艘船航行在海上，又或是一辆车沿路行驶，实际上都是非常复杂的。理解这些现象的明智方法是从最简单的情况着手，再逐步推演到复杂情况。想象一个完全静止的物体，不存在任何的运动。为了改变这个状态，必须向其施加外力，推动、拎起，或者让别的东西，比如马或蒸汽引擎向它施加力。我们直觉的认识是，运动与推、拉、举起这样的动作有关。重复实验让我们得出进一步的推论：如果想让物体运动得更快，我们需要推得更用力。这样，作用于物体上的外力越大，物体运动的速度就越快，就自然产生了这个结论——一辆四匹马拉动的马车比两匹马拉动的马车运行得更快。因此，直觉告诉我们速度与外力作用有关。

侦探小说的读者都很清楚，错误的线索会混淆视听、阻碍判断。借由直觉所做的、看似有理有据的推测是错误的，导致对运动的观念也是错的，这个错误观念还延续了数个世纪。亚里士多德在欧洲享有的威望，大概是这个直觉观念流行了数千年的主要原因。在他2000年前写下的《力学》中，我们读到：

当推力无法再推动物体时，运动物体趋向静止。

伽利略的发现和科学推理方法是人类思想史上最重要的成就之一，标志着物理学研究的真正开始。他的发现教会我们：基于即时观察得出的直觉结论并不总是正确的，它们往往指向错误的线索。

那么，直觉错在哪里呢？一辆四匹马拉的马车比两匹马拉的马车跑得快，这个说法难道不对吗？

让我们更深入地考察运动的基本事实，从简单的日常经验开始，从人类自文明起源时期、在艰难的生存奋斗中得到的认识开始。

假设一个人推着手推车走在水平路上，他忽然停止推车，这辆车会继续运动一段距离才停下。我们想知道：如何能拉长这段距离？

有几个方法，比如润滑车轮，或者把路面弄得非常平滑。车轮转动得越顺利，路面越光滑，小车就能运动得越久。那润滑和平整的作用是什么？只有一点：减少外部影响，称作“摩擦”的影响因素就降低了，无论是在车轮间的摩擦还是车轮与路面间的摩擦。这便是对于可观察证据的理论解释。这个解释实际上是武断的。只要向前迈出至关重要的一步，就能获得正确的线索。想象一条绝对平滑的道路，车轮间也不存在摩擦。那就没有任何外力可以阻止这辆车，它将永远运动下去。这个结论只能在想象的理想实验中得出，在现实中绝无可能实现，因为外部因素不可能被完全消除。这一理想实验展示了真正构成运动的力学基础的线索。

对比这两种解决问题的方法，我们能说直觉观点认为外力越大速度越大。因此，速度大小显示出是否有外力作用。伽利略发现的新线索是，如果一个物体没有被推拉，也没有以任何其他方式被施加作用，或者，更简单地说，没有外力作用在这个物体上，它就会做匀速直线运动，也就是始终以相同的速度沿直线运动。

因此，速度无法说明物体上是否有外力作用。伽利略的结论是正确的，并在隔了一代之后成为牛顿惯性定律的基础。这通常是我们在学校学到的第一个熟记于心的物理知识，有些人也许还能记起：

任何物体都会保持静止或者匀速直线运动的状态，直到外力迫使它改变运动状态为止。

我们已经知道，这条惯性定律不能直接从经验得出，只有当推断与观察一致时才能得出。理想实验永远不可能真实上演，尽管它使我们对真实实验有了深刻的理解。

从我们周围存在的许多复杂的运动中，选择匀速直线运动作为我们的第一个例子。因为没有外力的作用，所以这是最简单的例子。然而，匀速直线运动是永远无法实现的；从塔尖扔下的一块石头、沿路行驶的推车永远不可能做匀速直线运动，因为我们无法排除所有外力的影响。

在一个好的解谜小说中，最明显的线索往往会引向错误的猜测。在我们试图了解已知自然现象的规律时也是如此，最突出的直觉解释往往是错误的。

人类思想创造出了一个千变万化的宇宙图景。伽利略的贡献在于摧毁了直觉观念并以新的认知方式取而代之。这是伽利略的发现最有意义的地方。

但是，另一个有关运动的问题随之产生。如果速度并不能表明有外力作用于物体，那什么能表明呢？这一基础问题的答案由伽利略发现，并由牛顿精简叙述，也形成了我们观察中的下一个线索。

要找到正确答案，我们必须进一步思考那辆在绝对光滑的路面行驶的推车。在理想实验中，做匀速直线运动是由于没有任何外力。现在，假设在这辆匀速行驶的推车上施加一个与运动方向一致的推力。会发生什么？显然速率会提高。同样显而易见的是，若是推力与运动方向相反，那么速率会下降。在第一个例子中，推车因为推力加速了，在第二个例子中则减速了，或者说慢下来了。马上就出现一个结论：外力会改变运动的速度。因此，不是速度本身而是速度的变化才是推力或拉力的结果。此类外力是会提高还是降低速率，要看它作用的方向是和运动方向一致还是相反。伽利略清楚地看到这一点并在《关于两门新科学的对话》中写道：

> ……除增加了会加速或阻碍运动的外部因素之外，运动中的物体一旦具有任意大小的速度，将会严格保持速度不变，这种情况只会在水平面发生；在下行的斜面中，本就存在加速的因素；然而在上行的斜面中存在的是阻碍因素。据此，可以得出在水平面上的运动是永恒的。因为，一旦速度恒定，它就不能被削减，也几乎不会被毁坏。

循着这一正确的线索，我们对运动的问题有了更深的理解。力与速度变化相关是牛顿创立的经典力学的基础，而不是我们从直觉出发、理所当然想到的力和速度本身相关。

我们已经使用了经典力学中至关重要的两个概念：力和速度的变化。在之后的科学发展中，这两个概念都得到了延展和丰富。因此，我们现在必须更仔细地考察它们。

什么是力？直觉认为，顾名思义，力就是力。从肌肉对这些动作的感知而言这个概念来自推、扔或拉的作用。但力的概念远远超过这些简单的例子。甚至于我们在思考力时，都不需要想象马拉马车的场景！我们谈论太阳和地球、地球和月亮之间的引力，以及那些能引起潮汐的力量；我们说的力，能迫使我们和我们周围的所有物品都留在地球的引力范围内，还能让风掀起海浪、吹落树叶；通常来讲，无论何时何地，我们观察到速度的变化和外力的作用，都是由于力。牛顿在《自然哲学的数学原理》中写道：

作用力是施加在物体上的作用，目的是改变物体的运动状态，无论是使其静止，或者沿直线变速运动。

这种力只作用一次，动作结束后，它不会一直作用在物体上。物体此后的每一个新状态，都只是因为自身的惯性。作用力有不同的来源，可以是来自击打、挤压，或者向心力。

一颗从塔顶掉下的石头，它的运动不可能是匀速的，速度会随着石头的下降而提高。我们总结为：外力与运动的方向同向。或者，换句话说，是地球吸引了石头。我们再看另一个例子：当一颗石头被直直向上抛起会发生什么？速度会下降，直到石头达到最高点，然后开始下落。在这里，让速度下降的力和让下落物体速度增加的力是一样的。在一个例子中，力的作用与运动方向同向，在另一个例子中，力的作用与运动方向相反。力是一样的，但是根据石头下落或抛起的不同，它导致的结果一个是加速，一个是减速。

矢量

我们目前考虑过的所有运动都是沿着直线的，也就是直线运动。现在，我们必须走得更远。通过分析最简单的例子，并抛弃对所有复杂情形的尝试，我们有了对自然法则的最初步理解。直线比曲线简单，然而，仅仅理解直线运动是远远不够的。月亮、地球和行星的运动都是曲线运动，它们也都是成功使用经典力学原理的典范。从直线运动到曲线运动会带来全新的难题。若是希望能在理解给出第一条线索的经典力学原理之后，将此作为科学发展的新起点，我们必须勇于克服这些难题。

我们来想象另一个理想实验，一个完美的球在光滑的桌面上匀速滚动。我们知道，如果球被推动，也就是说，受到外力作用，速度将会改变。假设和推车的例子不同，推力的方向和运动的方向并不一致，且不在一条直线上，比如说，是和运动方向成直角的方向，会发生什么？此时的运动可以分为三个阶段：初始运动、力的作用、力终止后的最终运动。根据惯性定律，力作用前后小球都做匀速直线运动，但是在力作用前后的匀速直线运动之间有一个区别：方向变了。球的初始轨迹和力的方向成直角，最终运动的方向将不会沿着其中任何一个，而是位于两者中间的某个方向：如果推力比较大而初始速度小，就会更接近力的方向；如果推力轻微而初始速度更大，则会更接近起初的运动轨迹。根据惯性定律，我们得到的新结论是：通常情况下，外力作用改变的不仅是速率，还有运动的方向。理解了这一现象，我们就准备好接受物理学中的矢量概念了。

我们可以继续使用简单的推理方法。起点依然是伽利略的惯性定律，离穷尽这一极具价值的线索来解开运动之谜，我们还远着呢。

试想在同一光滑台面上、沿着不同方向运动的两个球。为了让画面更直观，我们可以假设，这两个方向互相垂直。由于没有外力的作用，两者的运动都是绝对匀速直线的。再进一步假设，两者的速率也是一样的，也就是说，两个球在同样的时间段内会移动同样的距离。但是，我们能因此说这两个球就有相同的速度吗？答案可以说是也可以说不是！如果两辆车的记速器都显示每小时40英里[①]（17.9米/秒），那往往就会说它们的速率或者速度一样，而不会考虑它们行驶的方向。但是，科学必须创造专属的语言和概念，服务于专门的用途。科学概念常常来自用于描述日常事件的通俗表达，但是发展出了截然不同的含义。它们失去了作为通俗用语时的模棱两可，获得了严谨的定义从而可以运用于科学思考。

从物理学家的角度看，认为这两个沿着不同方向运动的球有着

① 1英里≈1.609千米。——编者注

不一样的速度是更合适的。尽管这只是出于习惯，但说四辆从同一个环形交通路口开向不同公路的车速度不同更为方便，尽管在计速器上显示的速率都是每小时40英里。速率和速度的差别说明，物理学家是如何从日常观念出发，对其改造，使其在更长远的科学发展中结出丰硕成果的。

假如长度被测量之后，要用一个带单位的数字来表示测量结果。那么，手杖的长度大约是3英尺[①]7英寸[②]（约合1.1米），某个物体的重量是2磅[③]3盎司[④]（约合992克），一个时间段则是多少分钟或者多少秒。在这些例子中，每一个测量的结果都由数字表示。然而，单独的数字是不足以描述某些物理概念的。对这一事实的认识标志着科学观察的巨大飞跃。

举例而言，方向和数字一样，对于描述速度至关重要。这样一个量，既有大小又有方向，就是矢量。贴切的象征是箭头。速度也许会由一个箭头来表示。简单点说，就是矢量，它的长度是根据选定的比例单位，用来代表速率，而它的方向就是运动的方向。如果四辆车以相同的速度从一个环形交通路口分散开出，它们的速度可

① 1英尺≈30.48厘米。——编者注

② 1英寸≈2.54厘米。——编者注

③ 1磅约为453.59克。——编者注

④ 1盎司约为28.35克。——编者注

由四个有着相同长度的矢量表示，就如图1–1所示。这里使用的比例则是1英寸代表每小时40英里。如法炮制，任何速度都可以用矢量来表示。反之，如果知道了比例，人们就能从类似的矢量图中确知速度。

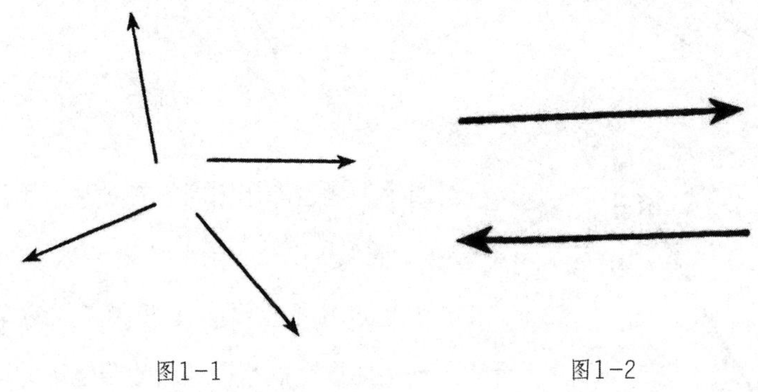

图1–1　　　　图1–2

如果两辆车在高速公路上相向而过，它们的记速器又都显示每小时40英里，我们就用两个不同的矢量来表示它们的速度，表示矢量的箭头会指向相反的方向。同样的，纽约的地铁显示“上行”“下行”的箭头也必须指向相反的方向（见图1–2）。如果所有在不同的站台或者街道以相同速率上行的车辆都有相同的速度，也能用单一的矢量来表示。矢量不会显示地铁经过了哪些站台，或是车辆正行驶在哪一条平行轨道之上。换言之，根据熟知的惯例，所有此类矢量如图1–3所示都是一样的；它们都处在同一或平行的线上，长度相等，最后，箭头还都指向同一个方向。（见图1–3）

而图1–4显示的矢量则都不相同，因为它们要么在长度，要么在方向，甚至在两者上都有不一致。

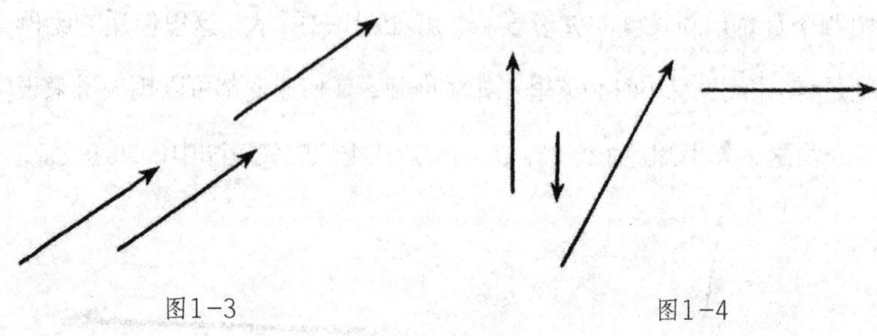

图1-3　　　　图1-4

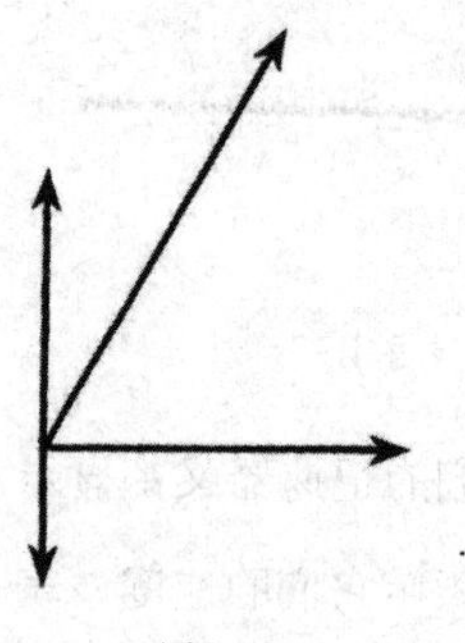

图1-5

这四个矢量也能用不同的方法画出（见图1-5），它们可以从一个点出发。

由于起点并不重要，这些矢量可以表示从同一个环形交通路口开出的四辆车的速度，也可以是四辆行驶在城市不同位置车辆的速度，它们都有各自的速率和方向。

矢量表示法现在能用于描述前面所述的直线运动了。我们说到一辆推车，它沿着一条直线匀速行驶，然后受到了和运动方向一致的推力，从而增加了速率。从图1-6上看，这也许要由两个矢量表示，短一点的表示推动之前的速度，相同方向较长的那个则表示推动之后的速度。

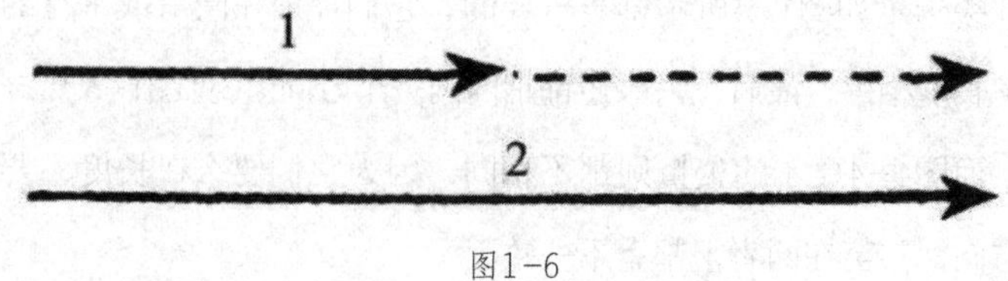

图1-6

用虚线表示的矢量含义很清晰，就是速度上的变化，我们都清楚，这是推力的作用。在另一个例子中，力和运动方向相反，速率减缓。

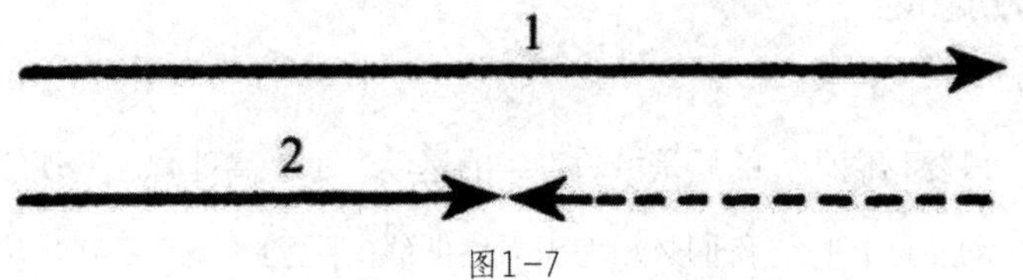

图1-7

如图1-7，虚线矢量表示速度的变化，但是在这里，方向不一样。很明显，除了速度本身，速度的变化也是矢量。但是，速度的每一个变化都是由于外力的作用，因此，力也必须用矢量来表示。为了定义一个力，仅仅说明我们用了多大力气推动推车是不够的，我们还必须说在哪个方向推了它。力和速度或者速度的变化，必须由矢量而不是单独的数字表示。因此，外力也是矢量，也必须有方向，正如速度的变化。在上述两张图中，虚线的矢量显示了力的方向，正如显示了速度的方向。

怀疑论者也许会指出，他没看到任何引入矢量的好处。我们说明的这一切，其实是在把早已认识到的事实转化为一种不熟悉且复杂的语言而已。在这个阶段，就说他错了确实是很难的。因为，事实上，到目前为止他都是对的。但是，我们应该看到，正是这一陌生的语言带来了重要的发展，在那里矢量将十分关键。

运动之谜

只要我们研究的只是沿着直线的运动，那就离理解已发现的自然运动还远着呢。我们必须考虑沿着曲线的运动，下一步则是确定支配此类运动的法则。这可不是容易的事。在直线运动中，我们证明了速度、速度变化以及力是最有用的概念。但还不足以立刻看出如何将其应用在曲线运动中。认为旧概念不适用于描述一般运动，而必须创造新概念，这一说法确实是有可能的。那我们该沿着老路走还是探寻新路呢？

将概念进行推广，在科学中是很普遍的过程。推广的方法并不唯一，往往会衍生出多种方法。然而，有一个要求必须严格满足：一旦初始情形容纳不下新的变化，任何推广后的概念必须回到起初的概念。

我们可以用接下来的例子清楚地解释这一点。我们可以试着把速度、速度变化和力的老概念进行推广，以用于曲线运动。严格上讲，说到曲线时是包含直线的。直线是特殊又微妙的一种曲线。因此，假如把速度、速度变化和力引入曲线运动，那么它们就能自动用于说明曲线运动。但是这个结果必须不能与先前发现的结果相悖。如果曲线变成了直线，那么所有被推广了的概念必须转化成描述匀速直线运动的概念。但是，仅凭这一限制不足以说明推广方式是唯一的，它还蕴含很多的可能。科学史显示，最简单的推广方式有的时候能被成功证明，有的时候则不行。首先，我们必须有一个猜想。目前，猜想推广的方式比较简单。只要新概念论证得十分成功，就能帮助我们理解运动，无论是抛掷石头还是行星运动。

现在，在沿着曲线运动的一般情况中，速度、速度变化和力究竟意味着什么呢？我们先从矢量开始。一个非常小的球正沿着曲线从左到右移动。

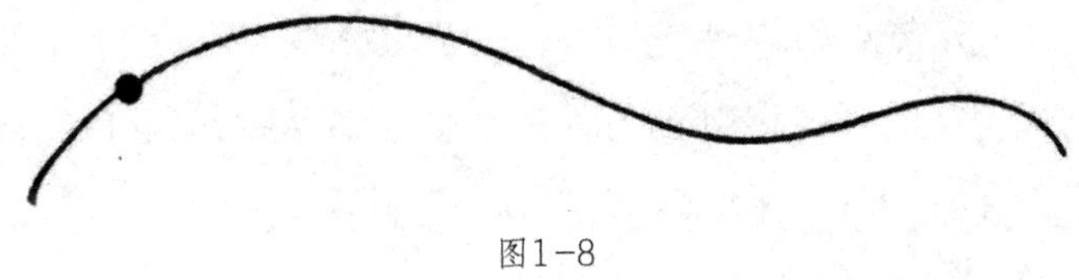

图1-8

这样小的物体通常称为质点。在图1-8中，曲线上的黑点表示某一时刻质点所在的位置。和这个时刻、这个位置对应的速度是什么？伽利略的发现再一次暗示了说明这个速度的方法。我们必须再一次运用想象力，设想出一个理想化的实验。质点在外力作用下沿着曲线从左到右移动。假设，在黑点运动到表示的这一时刻、这一位置时，所有力一下子停止作用了。然后，根据惯性定律，运动必须是匀速直线的。当然，在现实中，我们永远无法让一个物体彻底摆脱所有外力的影响。我们只能猜测："如果……会发生什么？"然后从猜测中得出的结论以及结论和实验的契合度，来判断猜想是否合理。

图1-9的矢量表示的是在所有外力都消失的情况下，猜想得出的匀速直线运动方向。

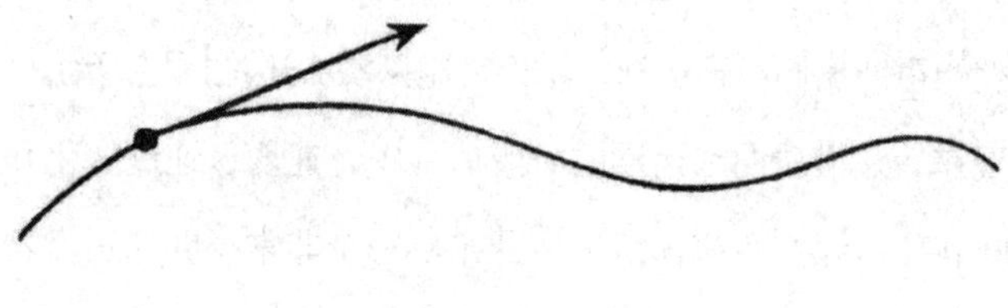

图1-9

这个方向也就是所谓的切线。通过显微镜观察运动中的质点，你可以看到曲线非常微小的局部显示出来的就是一个小区段。切线是它的延伸。因此，图示矢量表示的就是此刻的速度。这个速度矢量和切线重合。它的长度代表速度的数值大小，或者说标示出速率，对应的例子就是车的记速器。

对于这个拆解运动找到速度矢量的理想化实验，我们不能过于严肃地看待它。它只是帮助我们理解我们要说的速度矢量是什么，并确保我们可以在给定时刻和位置判断出速度矢量。

图1-10中，显示的是一个质点沿曲线运动在三个不同位置的速度矢量。

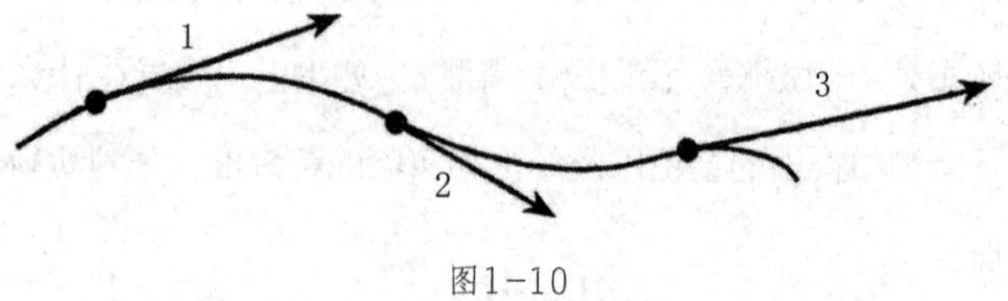

图1-10

这里不仅显示了速度的方向还有它的大小，正如矢量长度所表示的，速度会在运动中有变化。

速度的新概念满足推广的要求了吗？也就是，假如曲线变成直线，它能转化为直线中的对应概念吗？显然可以。直线的切线就是直线本身。速度矢量和运动轨迹重合，就像是运动的推车或滚动的球。

下一步是在曲线运动的质点中引入速度变化。这也能通过多种方法实现，我们从中选择最简单、最方便的方法。图1-10显示的几个速度矢量代表了在轨道不同位置的运动。其中前两个矢量可以从同一个起点重新画，我们已经知道这对矢量来说是可行的（见图1-11）。

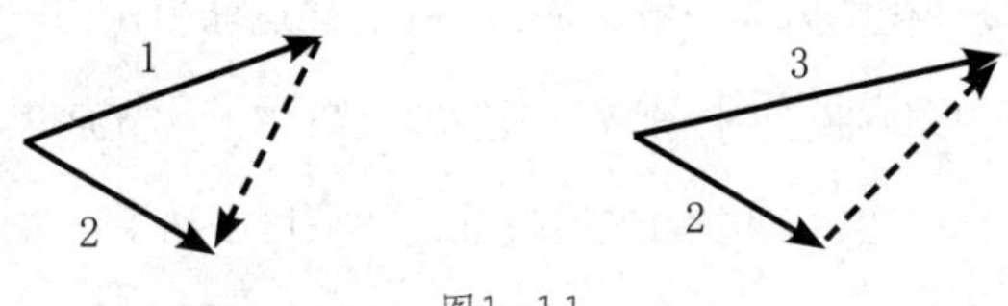

图1-11

我们称虚线矢量为速度变化。它的起点是第一个矢量的终点，而它的终点又是第二个矢量的终点。速度矢量的变化概念，乍看上去，非常浅白、毫无意义。但是在矢量1和矢量2有相同方向的个案中，它更为清晰。当然，这意味着融入了直线运动。如果两个矢量具有相同的起点，虚线的矢量会再一次连接起它们的终点。下面的图1-12和图1-6一模一样，前述的概念也回到了新案例之中。也许可以说，我们必须在图示中区分这两条线，否则它们会融合，变得不可区分。

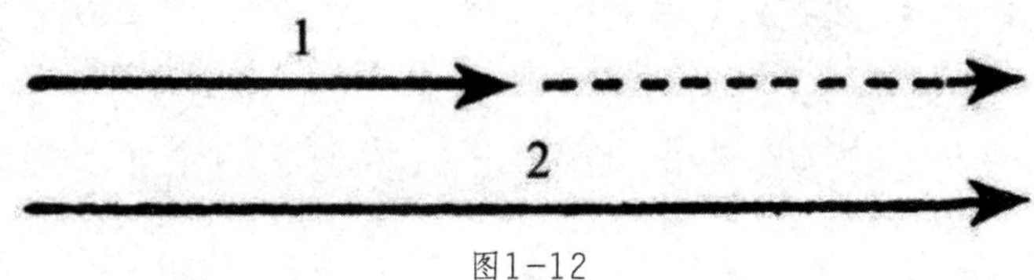

图1-12

现在，我们要进行推广的最后一步，这是做了这么多猜想中最重要的一步——建立力和速度变化的关系。这样，我们才能找到线索，以理解运动的一般问题。

解释直线运动的线索非常简单：外力导致速度变化；力的矢量方向和速度变化的方向一致。那么，在曲线运动中，这一线索是什么？完全一样！唯一的区别是，速度变化的内涵比先前更广了。再看看图1-11和图1-12中的虚线矢量，就一目了然了。如果曲线上每一点的速度都是已知的，就能立刻推导出来任何一点上的力的方向。如果必须绘制间隔极短的两个时刻的速度矢量，那么它们的位置必定是极其靠近的。从第一个矢量的终点出发到第二个矢量的终点的矢量表示的就是作用力的方向。但至关重要的是，这两个速度矢量只能是在“极短”时间段内区分出来的。对“极其靠近”“极短”一类词的严格分析可一点都不简单，实际上，正是这项分析导致牛顿和莱布尼茨[①]发明了微积分。

对伽利略线索推广的道路是冗长而又复杂的。我们无法在此说明这一推广得到了多么丰硕的成果。它的应用简单、有力地解释了先前许多看似无关且被误解的现象。

从浩如烟海的运动中，我们只能撷取最简单的例子，并运用刚刚得到的定律来解释它们。

从枪口射出的子弹、以一定角度抛出的石头、从软管喷出的水流，这一切都描述了同种类型的相似路径——抛物线。例如，想象一个连着测速器的石头，那它在任何时刻的速度矢量都可以画出来。结果很可能就是图1-13表现的那样。

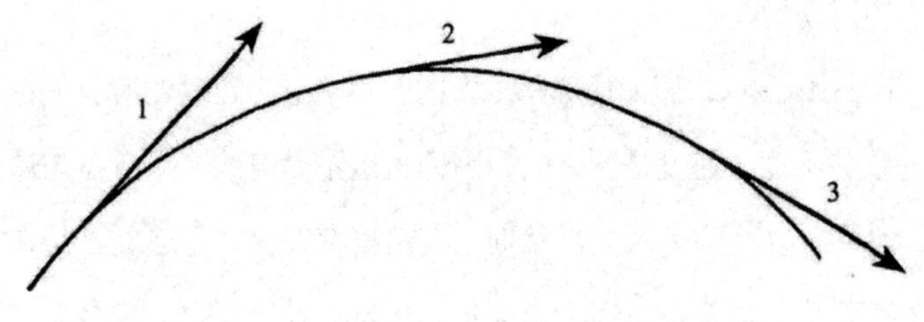

图1-13

作用在石头上的力的方向正是速度变化的方向，我们已经知道

① 戈特弗里德·威廉·莱布尼茨（Gottfried Wilhelm Leibniz，1646—1716），德国哲学家、数学家，历史上少见的通才，被誉为“十七世纪的亚里士多德”。

这是如何推导出来的。图1–14显示的结果则说明，力是垂直且向下的。这和从塔顶坠落的石头一模一样。路径完全不同，速度也不同，但是速度的变化有相同的方向，就是指向地心。

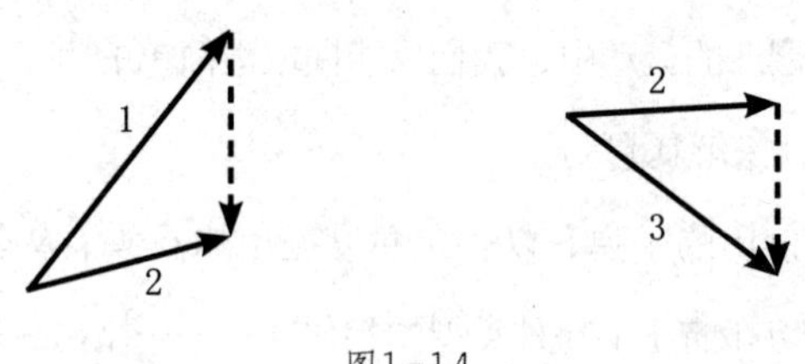

图1–14

一颗系在绳子末端的石头，在水平面上旋转起来，它是按照圆周轨迹运动的。

图1–15显示，假如速率是一致的，那么这个运动的所有矢量长度一致。不过，速度是变化的，因为轨迹不是直线。只有在匀速直线运动中，才不会涉及力。然而，在这里存在力，但速度不是在大小上有变化，而是在方向上有变化。根据运动定律，一定有某种力导致了这种变化，在这个例子中，力存在于石头和拿着绳子的手之间。马上，就出现了另一个问题：这个力作用的方向是什么？再一次，矢量图能给出答案。时间很短时两个相邻时刻的速度矢量以及速度变化如图1–16所示。

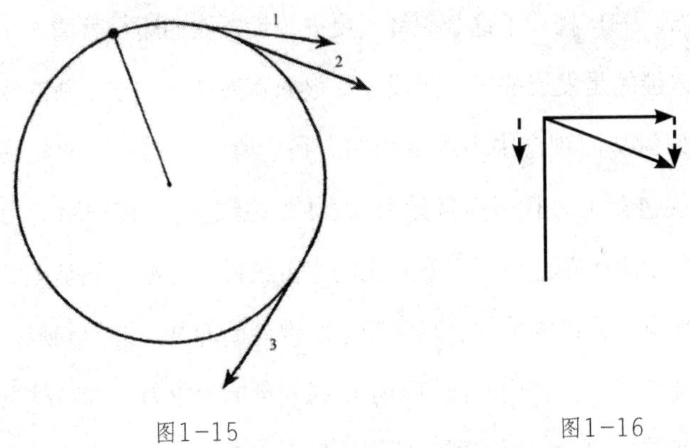

图1-15　　图1-16

可以看出，这个最终的速度变化的矢量是沿着绳子的方向，并指向圆心的，而且从始至终都和速度矢量垂直，或者说和切线垂直。换言之，手臂通过绳子向石头作用了力。

十分相似但更为重要的例子是月亮绕地球的公转。这也可以用匀速圆周运动来做类比。同样，力是指向地球的，正如前例中力指向的是手臂。在地球和月亮之间没有绳子相连，但我们能想象出在两个物体的中心之间有一条线，这条线上的力直指地心，正如作用在抛到空中或从塔顶掉落的石头上的力一样。

我们说的这一切运动，可以用一句简单的话概括——**力和速度变化是方向一致的矢量**。这是解决运动问题最初始的线索，但是它显然不足以充分解释可以观察到的所有运动现象。从亚里士多德的思考方式到伽利略思考方式的转变，形成了奠定科学基础中最重要的基石。一旦打开了这个裂缝，更进一步发展的路径就清晰了。我们感兴趣的是发展的第一阶段，即跟随着最初的线索，新的物理概念是如何从旧观念中艰难诞生的。我们所关心的是科学先驱的成就，这包含了寻找崭新且始料未及的发展之路。在一路的历险之中，科学思维创造出了千变万化的宇宙图景。最初和最基础的步骤往往具有革命性的地位。科学想象发现老旧的观点过于局限，从而用新观点取代了它们。任何一条已经开创的思维方式的持续发展更多是渐进式的，直到达到了新的转折点，在那时，必需要征服的是崭新的领域。然而，为了了解是什么样的理由和困难促使了概念的重大改变，我们需要知道的不只是最初的线索，还包括可以推导出的结论。

当代物理学最重要的特质之一就是：从最初线索推导出的结论不只是定性的，也是定量的。让我们再一次思考从塔上下落的石头。我们知道，随着石头下落，速度也会增加，但我们还应该知道更多。这个变化有多大？石头开始下落后，它在任意时刻上的位置和速度是什么？我们希望能够预测事件并通过实验证明观察是否与预测一致，并进一步验证最初的猜想。

为了得出定量结论，我们必须使用数学语言。绝大多数基础科学概念都十分简单，也许这样才能用易于理解的语言将规则传达给每一个人。要深入理解这些概念，需要熟稔高度精湛的研究技术。如果想检测结论是否与实验匹配，数学是必要的推理工具。仅考虑基本物理概念的话，我们也许能回避数学语言。但是我们必须时不时地提醒自己，先前我们所做的都没有得到证实，但是在未来的发展中，部分结果对于理解出现的重要线索是非常必要的。抛弃数学语言的代价就是缺失精确性，而且有的时候需要引用现成的结论，但无法显示这些结论是如何得出的。

一个非常重要的运动例子是地球绕太阳公转。已知这个轨迹是封闭的曲线，我们称之为椭圆。

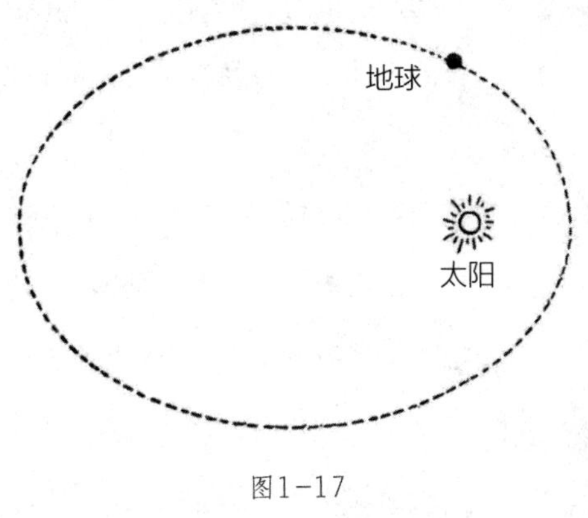

图1-17

做出速度变化的矢量图1-17表明作用在地球上的力是直指太阳的。但这毕竟只是微不足道的信息。我们想做到的是预测出地球的位置以及任意时刻其他行星的位置，我们还想预测出下一次日食发生的时间和时长，还有其他许多天文现象。做到这些事是有可能的，但不是仅凭我们的最初线索，因为这需要知道的不仅仅是力的方向，还有它的绝对值——大小。在这一点上做出卓越猜想的是牛顿。根据他的**万有引力定律**，两个物体之间的引力单纯取决于它们之间的距离。距离越大，引力越小。具体地说，如果距离增加到两倍，引力就会缩小为原来的1/4；如果距离扩大到三倍，引力就会缩小至原来的1/9。

据此可见，在万有引力中，我们成功地用简单的方式表述了引力的大小取决于运动物体间的距离。推而广之，可以用在其他受力不同的运动类型中——比如说电力、磁力等。我们试图用简单的表述来说明这个力，这样的表述只有在从其推导出的猜想被实验证明之后才是合理的。

但是只有引力的知识不足以描述行星的运动。我们看过了代表力和速度变化的矢量，在任何极短的时间间隔内，它们都有一样的方向，但是我们必须跟随牛顿再进一步。假设它们的长度之间存在某种简单的关联性，也就是说，根据牛顿的说法，在其他给定条件都相同的情况下，同一运动物体在相同的时间间隔内，速度变化和力是成比例的。

从而，在行星运动的定量结论上，只需要补充两个猜想。其一是共性，说明的是力和速度变化之间的联系；其二是特性，说明的是特定的力与物体距离之间的确切相关性。第一个是牛顿的一般运动定律，第二个是他的万有引力定律。它们共同决定了行星的运动。下述看起来有些笨拙的推理可以解释清楚这一点：假设在特定时刻，一个行星的位置和速度都是确定的，力也是已知的。那么，根据牛顿的定律，我们能知道行星在短暂时间间隔内的速度变化。知道了初始速度和它的变化，我们就能找出在时间段结束时，这个行星的速度和位置。重复这个过程，运动的整个轨迹就能被推导出来，而且无须求诸更多的观察数据。从原理上讲，这就是经典力学推测运动物体轨迹的方法，但这里用的方法是很难操作的。实际中，这样一步步的过程会极端烦琐且不精确。幸运的是，它也毫无必要——数学轻而易举就能实现，能以更少的篇幅精确描述运动，甚至比写完这句话用的墨水更少。用这种方法得出的结论可以通过实验证实或证伪。

我们认为作用在从空中往下坠落的石头的外力，与月亮在自己轨道上公转的力是一样的，都称作是地球对物质实体的引力。牛顿意识到，石头下落的运动、月亮和行星的运动都只是宇宙引力的具体显现，这个力作用在任何两个物体之间。也许能借助数学的帮助在简单的例子中描述和预测这个运动。在陌生且极为复杂的例子中，涉及多个运动物体，数学解释不会这样简单，但是基本原理是一致的。

我们确定了推论，循着最开始的线索，通过抛掷石头的运动以及月亮、地球和行星的运动一步步证实了它。

实际上，我们的整个猜想体系都是能通过实验来证实或证伪的。这些猜想中，没有一个可以独立于其他猜想。在行星绕太阳公转的例子中，我们发现，经典力学系统得到了非常伟大的运用。当然，我们也能基于不同的猜想想象出其他系统，也许同样行得通。

物理概念是人类心智的自由创造，或者也不完全是，尽管看起来它们似乎仅仅取决于外部世界。在人类理解客观世界的努力中，某种程度上我们就像是试着理解手表内部机械运作的人。他看到了表盘，看到了移动的指针，甚至听到了嘀嗒嘀嗒的声音，但是他不知道如何拆解这个构造。如果他足够聪明，也许就能构想出机械构造的图示，用来解释他观察到的所有现象，但他很可能永远不能确定自己的构想是不是唯一可以解释其现象的图示。他永远无法将自己的构想和真实的机械构造比较，甚至无法想象这种比较的可能性或含义。但他坚信，随着知识的增长，他对现实的解释图示会越来越简单，能解释的感官印象的范围也将越来越大。他也许还会相信现存的理念中还存在知识的局限，而只有人类的智慧能突破它。他也许会将理念的局限称为客观真理。

还有一个线索

第一次学习经典力学时，人们会觉得，这一科学分支的每个内容都很简单、基础且永远适用。人们很难猜想还会有一个重要线索，而且在其后300年里都无人注意到。被忽视的这一线索，和经典力学的一个基础理论有关——**质量**。

我们再一次回到推车在光滑路面运动这个简单的理想化实验。如果推车开始的时候是静止的，然后被推了一下，之后它会以固定的速度做匀速直线运动。假设，想重复多少次力的行为都可以，推动行为会以同样的方式、传导同样的力在同样的推车上。无论实验重复了多少次，最终速度都是一样的。但如果实验变了呢？如果开始的时候推车是空的，现在装满了呢？满载的推车的最终速度将比空车小。结论是：相同的力作用在质量不同且开始都是静止的两个物体上，那么结束作用时的速度将不一样。我们说，速度取决于物体的质量，质量越大速度越小。

从而，我们知道了，至少在理论上，如何测算物体的质量，或者更准确地说，如何测算一个物体的质量是另一个物体的几倍。我们有了作用在两个静止物体上的力的大小，也得知第一个物体的速度是第二个物体的三倍，就可以断言第一个物体的质量是第二个物体质量的1/3。用这个方法判断质量的比值显然不太具有实操性。然而，我们大可以用这个方式想象测算过程，或者是用类似的方法，它们都是对惯性定律的应用。

那在实际操作中如何确定质量呢？当然不是用刚刚说的方法。每个人都知道正确答案，用天平称一称。

让我们更仔细地讨论一下这两种不同的质量确认方法。

第一个实验和万有引力，即地球的引力，没什么关系。在推动推车之后，推车会沿着绝对光滑的水平面运动。重力导致推车留在平面上，它没有变化，也对质量大小没有影响，这和称重截然不同。如果地球不吸引物体，如果不存在重力，我们永远不可能使用天平。这两种质量确定方法的区别在于，第一种和重力没有关系，而第二种，主要是基于重力的存在。

我们想问：如果用上述两种方法检测两个质量的比例，得到的结果会一样吗？实验给出的答案十分简明。它们是完全一致的！这个结论不能预测，只能基于观察，毋庸置疑。

出于简便考虑，我们可以将在第一种方法中确定的质量称为**惯性质量**，第二种方法中确定的质量称为**重力质量**。说起来，它们都是一样的，但仔细想想就知道，事实并非如此。

另一个问题随即产生：这两个质量的一致纯粹是巧合吗？还是说有更深的联系？从经典物理学的角度来看，答案是：两个质量的一致是巧合，二者之间没有更深层的联系。而当代物理学的答案恰好相反：两个质量的一致是根本性的，而且形成了一条新的线索，这条至关重要的线索将带来更加深刻的理解。这实际上就是发展出广义相对论的最重要线索之一。

如果把奇怪的事情都解释成偶然，那这个解谜故事听起来就很低级。如果顺着逻辑链条继续发展，这个故事显然会更合理。可以确定：一个能解释重力质量和惯性质量为什么相同的理论要比另一个只把二者关系看作意外的理论更高级。当然，这两个理论都要符合观察到的事实。

由于惯性质量和重力质量相同是形成广义相对论的基础，所以，我们接下来会更仔细地验证这一点。什么样的实验能充分说明这两个质量是一致的呢？答案就藏在伽利略的经典实验中，他曾从比萨斜塔上扔下不同质量的物体。他注意到，下落的时间总是一样的，也就是说，下落物体的运动并不取决于质量。要把这个简单但是十分重要的实验结果，与两个质量相同的物体关联起来，我们需要更加细致的推论。

静止的物体，在受外力作用之后会运动并获得确定的速度。它开始运行的难易程度，根据的是它的惯性质量，如果质量更大，那么对运动的拒绝就会更强。如果不追求精确的话，我们可以说：物体对外力的响应程度取决于它的惯性质量。如果这是正确的，那么地球就是以一样的力来吸引所有物体，只有这样，有最大惯性质量的物体才能在下落时比其他质量的物体更慢。但事实并不是这样：

所有物体都以相同的方式下落。这意味着，地球吸引不同质量的力必须是不一样的。现在，地球用引力吸引一块石头，除了石头的惯性质量，其他条件都未知。地球的“召唤”力量取决于重力质量。石头的“回应”运动取决于惯性质量。因为，“回应”运动总是一样的——所有从相同高度落下的物体下落方式都一样——那必然能推导出，重力质量和惯性质量是相等的。

物理学家还能得出相同但更文绉绉的结论：下落物体的加速度，因其重力质量而增加，因其惯性质量而减小。由于所有下落的物体都有一样的恒定加速度，那这两个质量必须是相等的。

在伟大的自然奥秘故事中，一直以来就没有被完全解决和盖棺定论的问题。300年之后，我们不得不回到运动最初的问题，去修改探索的过程，发现忽略的线索，从而得到关于宇宙截然不同的理解。

热是一种物质吗

我们从一个新的线索开始，它来自热现象领域。然而，要把科学分成截然不同且毫无关联的部分是不可能的。实际上，我们很快就会发现，这里引入的新概念和早已熟知的概念互相交叉，所以，我们还会再次遇到那些概念。科学某一分支发展出的一个思路，往往能用于解释性质明显不同的事件。在这个过程中，初始概念往往会被修改，这样它就能更进一步用于理解自身起源，并以新的方式加以应用。

描述热现象最基础的概念是**温度和热**。把这二者区分开的科学史，难以想象的久远，但是，一旦区分开，它们就迅猛发展。尽管现在每个人都对这两个概念很熟悉，我们还是应该更仔细地验证它们，强调二者的区别。

触觉明确告诉我们，一个物体是热的，另一个是冷的。但这只是定性标准，不足以作为定量描述，而且有的时候会显得含糊不清。一个著名的实验说明了这一点：我们有三个容器，分别装有冷水、温水和热水。如果我们往冷水里伸入一只手，再往热水中伸入另一只手，那我们从第一个容器得到的信息就是水是冷的，从第二个得到的则是热。但如果，我们接着把两只手都伸进温水里，那二者会得到相反的信息。出于相同的原因，因纽特人与赤道国家的原住民在同一个春天到纽约会面，他们对天气冷热的观点是大不相同的。我们用温度计来解决这样的问题，这个工具最开始是伽利略设计的。又一次看到了这个熟悉的名字！温度计的使用是基于某些显而易见的物理猜想。我们可以引用布莱克[1]在150年前的讲义来回顾这些猜想，布莱克在澄清热和温度两个观念的区别上贡献颇多。

通过使用这个工具，我们认识到，如果有1000种甚至更多数量的不同物质，比如说金属、石头、盐、木头、羽毛、羊毛、水和其他各样液体，尽管它们在一开始都会有不同的热，但把它们放在同一个没有生火的房间里，也没有阳光照射，热会从更热的物体传导到更凉的物体上。约莫过了几个小时，或者一天，到之后的某个时间点，如果我们用温度计挨个儿测量它们，温度计会精确地指向相同的温度。

根据现在的命名，着重标出的“热”字应该由“温度”这个词替代。

物理学家从病人嘴里拿出温度计之后，大概会这么推导：“温度计通过水银管的长度来显示自身的温度。我们假设，水银管的长

---

① 约瑟夫·布莱克（Joseph Black，1728—1799），英国化学家、物理学家。

度和温度上升成正比。因为温度计和病人接触了几分钟，所以病人和温度计的温度一样。因此，可以判断，病人的温度就是温度计显示的温度。”医生也许只是机械使用温度计，但他却是无意识地应用了物理学原理。

但温度计拥有的热量真的和人体一致吗？当然不是。因为两个物体的温度一致，就假设二者拥有相同数量的热，会像布莱克指出的：

> 这个结论下得太仓促。这是混淆了不同物体中的热量和一般强度，或者说密集度；但是二者显然并不相同，在考虑热的发散时，还是应该从始至终都把二者区分开。

通过一个很简单的实验，就可以理解这个区别。把1磅的水放在燃气火焰上，过些时间水就从室温上升到了沸点。如果要加热12磅的水，需要更长的时间，当然都在同样的容器里，用的火也一样。我们认为这个现象说明，需要的“某种东西”变多了，而这“某种东西”指的是**热**。

可以通过下述实验得出**比热容**这个更进一步的重要概念：在一个容器中放入1磅的水，另一个容器中放入1磅的水银，用相同的方式加热两个容器。水银会比水热得更快，说明水银升高1度需要的“热”更少。通常而言，不同物质温度变化1度需要的“热”是不一样的，比如说，从华氏40度到华氏41度，不同物质诸如水、水银、钢铁、铜、木头等需要的“热”不同。我们认为，不同的物质有各自的**热容**，或者说**比热容**。

一旦有了热这个概念，我们就能更深入地研究它的属性。有两个物体，一个热，一个冷，或者更确切地说，一个的温度比另一个高。我们让这二者互相接触，并且排除掉所有外在影响。最终它们将会达到相同的温度，这我们已经知道了。

但这是怎么发生的？从接触到有了相同的温度，这之间发生了什么？其实它展示出了一幅热从一个物体“流动”到另一个物体的画面，就好像水从高处流到了低处。这个画面虽然很简单，但似乎和许多现象契合，因此有了如下类比：

水—热

高水位—高温

低水位—低温

流动会一直持续，直到两个水位或者温度相等。这个朴素的观点可以通过定性思考变得更有用。假设，定量的水和定量的酒精，两者都处于某个温度，将它们混合，根据比热容的知识，我们可以预测出混合物的最终温度。相反，观测出最终温度，再用一点代数知识，我们就能找出这两个比热容的比率。

这里的热概念和其他物理概念有相似之处。在我们的认识里，热是物质，就像经典力学中的质量。它的数量也许会变也许不会，就像是放在保险箱或者花掉的钱。只要保险箱是锁着的，箱子里的钱就不会少。同样，单独物体的质量和热的数量也不会变。理想的热水瓶可以看成类似的保险箱。此外，正如单独系统的质量并不会改变，即便是发生了化学变化，热就算从一个物体流动到了另一个物体，总量也是守恒的。就算热没有用于提高物体的温度，而是熔化冰块，或者说是把水变成蒸汽，我们也可以把它看成物质，并通过冷冻水或者液化蒸汽完整地回收热。熔化潜热或汽化潜热这两个旧名词说明，这些概念都是从把热看成物质而得来的。潜热是暂时隐匿的，正如收进保险箱的钱，但是如果知道如何打开锁就能够使用它。

但热显然不是和质量一样的物质。质量可以用秤来测量，那热呢？一块红热的钢铁会比一块冷冰冰的钢铁更重吗？实验显示并非如此。如果热真的是物质，那它是没有重量的那种。“热—物质”通常称作**热质**，这也是我们第一次遇到无重量物质家族。稍后，我们会有机会了解这个家族的历史以及它的浮浮沉沉。现在只要注意到这一特殊成员的起源就足够了。

任何物理理论的目的都是尽可能解释范围更广的现象。只要真的能解释现象，它就是合理的。我们已经看到热质说解释了很多热现象。然而，很快我们就会明白，这又是一个错误的线索，热既不能被看作物质，更不是无重量的。如果我们想想那些标志着文明开端的简单实验，一切就都清楚了。

物质是一些不能被创造也不能被摧毁的东西。然而，原始人通过充分摩擦生热来点燃木头。通过摩擦生热的数不胜数的例子，都太令人熟悉了。在所有类似的例子中，通过摩擦创造出了一定数量的热，很难用热质说来解释。即使这个理论的支持者可以创造出一种说法来进行争论。他的推理大概是这样的："热质说可以解释显而易见的生热。最简单的例子，就是两块互相摩擦的木头。摩擦是影响木头并改变其性能的因素。极有可能，木头性能被改变到一定的程度，热的数量不变，但产生了比先前更高的温度。毕竟，我们看到的只有温度上升了。有可能是摩擦改变了木头的比热容而非热的总量。"

在猜想阶段和热质说的支持者争论是无用的，因为只有实验才能给出定论。想象两块木头，通过不同的方式导致了相同的温度变化。比如说，一个是通过摩擦，另一个则是通过与散热器接触。如果这两块木头在新的温度下都有同样的比热容，那么热质说就会整个儿土崩瓦解。测量比热容的方法非常简单，而理论的命运就取决于如此简单的测量。在物理学史上，常常发生这种实验判决理论生死的情况，这些实验也被称为判决性实验。实验的决断价值只能通过提出问题的方法来显示，关于现象的理论中只有一种能解释这样的实验。无论是通过摩擦还是传热得到相同温度，测量两个同性质物体的比热容就是典型的**判决性实验**。这个实验大约是在150年前由伦福德[①]完成的，并给予热质说致命一击。

伦福德自己的记录可以叙述这个故事：

这时常发生——思考自然界运行最奇妙的奥秘的机会总是出现在日常事务和闲暇消遣中；而极为有趣的科学实验也往往可以毫无困难且无须成本地实现，只利用为完成工艺和制造业目标而制造精妙器械的机械就可以。

我常常有机会做这样的观察，也不断确认睁大眼睛观察和思考日常生活事务中发生的一切，无论是纯属意外还是天马行空的想象，往往会产生有用的质疑或用以观察和改进的合理方案；这比所有不做任何研究的纯粹哲学冥想更有效。

被俗务缠身之后，我厌倦了无聊的炮弹，在慕尼黑军事武器库的工作室里，我被数量相当可观的热吸引，这是黄铜枪在极短时间内射出子弹所需要的热量，用钻机分离金属片也需要同样多的热（比烧开水要的更多，通过实验我发现了这一点）……

这些热是从上述提到的机械制造过程中产生的吗？

是钻机从大量固体金属中分离的金属屑产生的吗？

如果真是如此，那么根据当代潜热和热质说，它们的比热容不

① 伦福德［Benjamin Thompson（Rumford），1753—1814］，美国—英国物理学家。

仅能被改变，而且，这个改变应该足够大才能解释热量的产生。

但并没有发生这样的变化，我发现，用锯子锯下同一块金属上与这种金属片同质量的薄片，先把它们放在相同温度（此处是烧开的水）里，再放到相同温度的冷水中（这里指的是59.5℉[①]），投入金属片的水和放入薄片的水相比并没被加热得更多或更少。

最后，我们来看他的结论：

而且，在推论中，我们不能忘了考虑最显著的情景，也就是在这些实验中由摩擦产生的热似乎是无穷无尽的。

不必强调的是，任何绝缘的物体或一系列物体能无限制地提供的东西绝不可能是物质；且不说毫无可能，凡是能够像热在这些实验中激发和传导的东西，除运动之外，我很难想到其他了。

这样，我们见证了旧理论的崩溃，或者更确切地说，我们看到热质说在热问题上的局限性。再一次，正如伦福德已经暗示的，我们必须找到新的线索。要这么做，我们得先放下热的问题，回到经典力学。

---

① 华氏度，是用来计量温度的单位，符号℉，华氏度=32℉+摄氏度×1.8。——编者注

起伏坡道

让我们描述一下那个常见的刺激运动，过山车。一辆小车被提升或开到轨道的最高点，然后放开，它开始在重力作用下向下运动，紧接着在剧烈拐弯的曲线上上上下下，突然变化的速度让乘客心惊胆战。每一个起伏坡道都有自己的制高点，那里也是这条线的起点。在整个运动过程中，绝不可能有第二次能达到同等的高度。这个运动的完整描述将会非常复杂。其中一方面是运动的经典力学问题，随着时间变化而改变的速度和位置。另一方面是轨道和车轮之间的摩擦，因此产生了热。区分开这两个物理过程的重要原因是更有可能使用上述的概念。这个区分带来了理想化的实验，而仅涉及力学作用的物理过程只能通过想象实现。

在理想化实验中，我们可以想象，有人能完全消除伴随运动出现的摩擦。他决定利用在起伏坡道结构中的发现，建造出属于自己的行驶轨道。车从起始点开始上上下下，假设起始点是在水平面以上100英尺处。他很快就抛弃无关紧要的细节和错误，发现他必须遵从一条非常简单的线索：他可以按心意建造任何路径，只要没有一个点会高过起始点（如图1-18）。

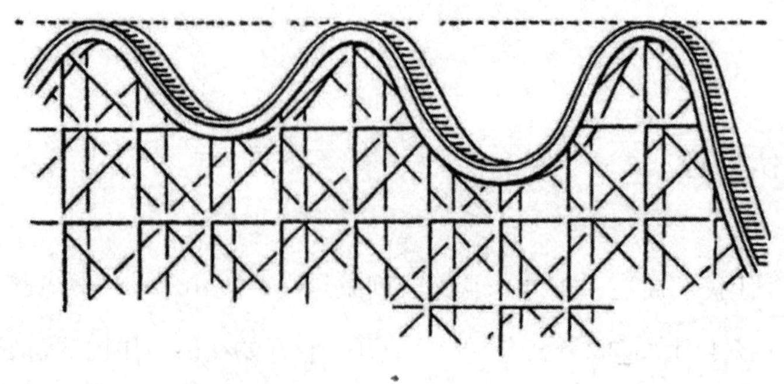

图1-18

如果这辆车沿路径自由行驶，它可以想达到100英尺多少次就达到多少次，但永远不会超越它。在实际轨道中，因为摩擦，车永远达不到初始高度，但是我们假想的工程师无须考虑这一点。

让我们跟随理想的车在理想的起伏坡道上运动，它先从起点开始向下滑动。车与地面的距离随着运动不断减小，速度则在增加。这个表述乍一看有点像句谚语："我没有铅笔，但你有六个橘子。"但这话可不蠢。虽然铅笔和橘子之间没有联系，但是车与地面的距离和它的速度却存在相关性。如果知道车位于距地面多高的位置，我们就可以计算出车在任意时刻的速度，但我们先在此省略这一点，因为用数学公式表达定量研究会更好。

在最高点，这辆车的速度为0，且距离地面100英尺。在可能的最低点，它和地面没有距离，且速度最大。这些事实也许可以用其他方式来表述：在最高点，车有势能但没有动能，或者说运动的能量。在最低点，它的动能最大，但没有任何的势能。在二者之间的任何位置，都有一定程度的速度和一定程度的高度，车同时拥有动能和势能。势能随高度升高而增加，而动能随速度提升而增加。经典力学的原理足以解释这个运动。在数学描述中，每一种能量都可以被表述，每一种都有改变，但是二者的和不变。据此用数学方法引入势能与动能的概念是可能的，前者基于位置，后者则取决于速度。引入这两个名词，自然是随意的，只是出于方便。这两个物理量的和保持不变，因此称为运动常量。总共的能量，就是动能加上势能。比如，金钱的价值不变，但是不断从一种货币换到另一种货币，如按照公认的汇率，从美元换成英镑，又换回美元。

在真实的起伏坡道中，摩擦会阻止车再一次达到与起点相同的高度，在这个情况下，动能和势能也在不断转化。然而，此时，二者的和不会保持不变，而是逐渐减小（如图1-19）。

图1-19

现在，我们有更大的勇气迈出重要一步，要把运动的经典力学和热联系起来。不久之后，就能看到这一步带来的丰富成果和推广的意义。

现在涉及了动能和势能以外的东西，我们叫它摩擦产生的热。这个热和机械能——动能和势能的减少有关吗？新的猜想一触即发。如果，能把热看成一种能量，那也许，这三者——热、动能和势能的和会保持不变。不是热，而是热和其他能量形式之和才像物质一样是不可消灭的。正如，一个人为了将美元换成英镑，本来需要法郎付手续费，付手续费的法郎被省下了，这样根据公认的汇率，美元、英镑和法郎的总和就是固定的数额。

科学进程摧毁了将热视为物质的旧概念。我们试图创造一种新的物质——能量，而热是它的形式之一。

转化率

不到100年前，从新线索引发出了热是一种能量的概念，这是迈尔[①]的猜想，焦耳[②]通过实验证明了它。这个巧合很古怪，因为热的性质竟然是由非专业的物理学家确定的，他们仅仅把物理学看成一大爱好。这些人包括多面手苏格兰人布莱克、德国医生迈尔，以及了不起的美国探险家伦福德伯爵，他后来移居欧洲，而且几经辗转成了巴伐利亚战争部长。还有英国啤酒商焦耳，他在空闲时间完成了多个能量转换领域最重要的实验。

焦耳通过实验证实了热是能量的猜想，并确定了转化率。他的结论值得我们仔细研究。

动能和势能一起组成了系统的**机械能**。在过山车的例子中，我们猜测有部分机械能转化成了热。如果这是正确的，那在这个例

① 迈尔（J. R. Mayer，1814—1878），德国汉堡人，医生、物理学家。他对万事总要问个为什么，而且必亲自观察、研究、实验。他第一个发现并阐释了能量守恒定律。

② 詹姆斯·普雷斯科特·焦耳（James Prescott Joule，1818—1889），英国物理学家。焦耳提出能量守恒与转化定律，奠定了热力学第一定律（能量守恒原理）的基础。

子或任何类似的物理过程中，两者之间存在确定的**转化率**。这严格来讲是定量问题，但一定数量的机械能能转化成确切数量的热，这是一个相当重要的事实。我们很乐意知道转化率的具体数字，比如说，从已知数量的机械能能得到多少热。

确定这个数字是焦耳的研究内容。他有一个实验的机械和一个钟表特别相似。这个钟的发条包含两个可升降的砝码，可以增加系统的势能。如果这个钟不受其他干扰，就可以看成一个封闭的系统。砝码渐渐落下，钟也慢慢走动。在一定时间后，砝码会到达最低点，钟就停止运行。那能量有什么变化？砝码的势能变成了机械的动能，并渐渐以热的形式消失。

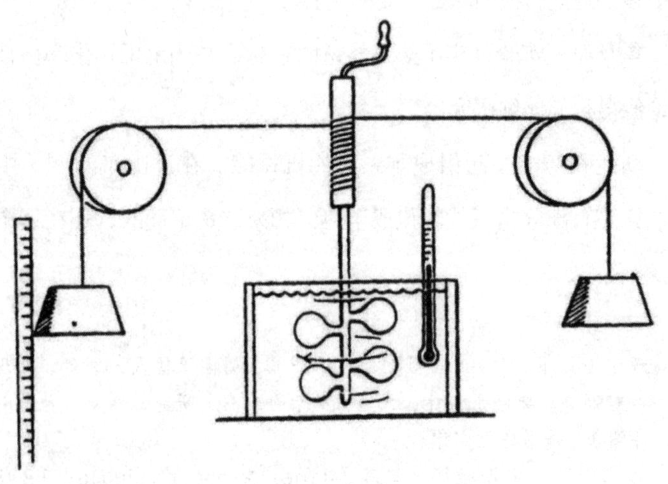

图1-20

这种机械中的巧妙转化，让焦耳能够测量热的散失，从而得出转化率。在他的装置中（见图1-20），当两个砝码能推动水中的叶轮转动，砝码的势能就变成了可转动部分的动能，从而成为热，提高了水的温度。焦耳测量了温度的变化，而且，他利用已知的水的比热容，计算出水吸收的热量。最终，他总结了以下几个结论：

热是由物体(无论是固态物体还是液态物体)的摩擦产生的，产生的热量总是和消耗的力的值成正比（焦耳说的力指的是能量）。

此外，通过机械力（能量）的转换来得到能够让1磅的水（在真空中称重，并在55℉和60℉之间取值）升高1℉的热量，是由772磅（约合350千克）的物体下降1英尺所产生的。

换句话说，让772磅重的物体在地表上升1英尺的势能，和让1磅水从55℉升至56℉需要的热量是一致的。其后的实验能做到更加精确，但是热功当量是焦耳在他的超前工作中的关键发现。

重要的工作一旦完成，接下来的发展就很迅速了。人们很快就意识到，机械能、热能这些类型，不过是能量诸多形式中的两种。任何能够转化成它们的东西也是能量的一种形式。太阳辐射是能量，因为其中的一部分转化成了地球的热。电流含有能量，因为它能加热金属线，或者让摩托车的车轮转动。煤代表化学能量，燃烧时释放热。自然的每一个事件中，能量都在从一种形式转变为另一种形式，往往都有着固定的转化率。在封闭系统中，从外部影响中分离出来的能量，得到了形式上的转化，从而像物质一样运作。在类似系统中，所有可能形式的能量总和是恒定的，尽管任何一种的数量也许总是在变化。如果把整个宇宙看成一个封闭的系统，那么我们可以和19世纪的物理学家一起自豪地宣称，宇宙的能量是固定的，没有任何能量可以被创造或摧毁。

我们关于物质的两个概念就是质量和能量。两者都服从转换规律：孤立系统无法改变质量或总的能量。物质有质量，但能量是没有质量的。因此，我们有了两个不同的概念和两个守恒规律。这些观念还被认为是严格区分、毫不相关的吗？还是说，这显而易见的、有充分依据的图景已经在更新的进步曙光中发生了改变？它确实变了！这两个概念的更多变化和相对论有关。稍后我们会谈到这一点。

哲学背景

科学研究的结果常常会促使哲学观念发生变化，这一变化远远超出科学自身的限定领域。科学的目的是什么？对于一个试图解释自然的理论有什么要求？这些问题，尽管超出了物理学的范畴，却和它密切相关，因为组成科学的材料就是从这些问题产生的。哲学概括必须建立在科学结果的基础上。一旦形成并被广泛接受，反过来它们往往也会影响科学思想的进一步发展，指明诸多可能进程中的一条。广为接受的观点被成功推翻之后，又会产生出人意料且截然不同的进一步发展，从而成为新的哲学分支的来源。这些必要的言论听起来很含糊也很荒诞，除非用物理史来举例说明。

我们要尝试描述的是第一批有关科学目的的哲学观念深刻影响了物理学的发展，在近100年之前都是如此。这些观念迫于新的证据、新的事实和理论不得不被抛弃，从而形成新的科学背景。

在整个科学史上，从古希腊哲学到当代物理学，有一个一以贯之的想法，就是把表面上复杂的自然现象简化成简单的基础理念和它们之间的关联。这是所有自然哲学的基本原则。甚至于在原子论派的著作中也有类似表示。在23个世纪以前，德谟克利特写道：

按常规，甜就是甜，苦就是苦，热就是热，冷就是冷，色彩就是色彩。但是，实际上它们是原子和虚无。即，人们假设感知的对象是真实的，并习以为常地将它们视为真实，但事实上并非如此。只有原子和虚无是真实的。

这个理念在古希腊哲学中不过是巧妙想象。古希腊人自然是不知道后来与之相关的自然法则。科学与理论和实验的结合真正开始于伽利略的研究。我们曾研究过最初的线索，它引出了运动定律。200年来，对力和物质的科学研究贯穿了为理解自然的一切努力的始终。脱离其中一个去理解另一个都是不可能的，因为物质通过作用在其他物质上的力表明自己是力量之源。

让我们来考虑最简单的例子：两个质点之间有相互力的作用。想象中最简单的力就是吸引和排斥。在两个情形中，力的矢量都在联结物质点的线段上。这个要求简化之后的情况是，质点互相吸引或者互相排斥，而任何其他方向的作用力都会让问题变得复杂（见图1-21）。

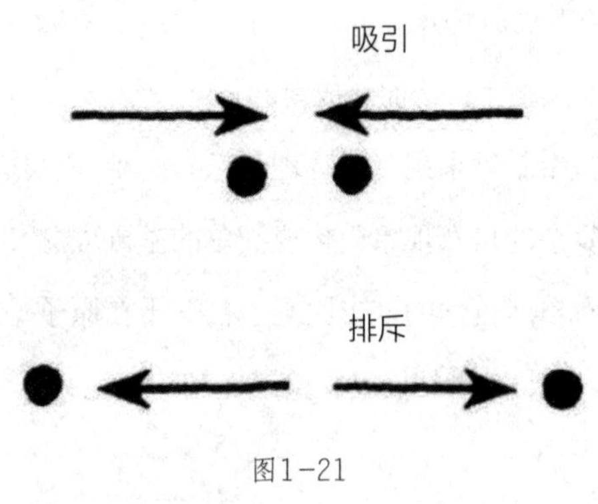

图1-21

关于力的矢量的长度，我们能否做出同样简单的假设？即便我们想要规避太特殊的假设，也还是能确定一件事：任意两个已知质点之间的力的大小只取决于二者的距离，就像是引力。这足够简单了。也能设想出更复杂的力，如不止取决于距离还有质点速度的力。有了物质和力作为基础概念，我们很难想出比力沿着联结质点的线段作用并且大小只取决于距离的情况以外更简单的猜想。但有没有可能只用这种形式的力来解释所有物理现象？

经典力学所有分支中最伟大的成就是在天文学上，把理念应用到显然不同而且非经典力学性质的问题上，且获得了令人瞩目的成功，所有成果都归功于一个信念，那就是，用不变物体间简单的力来解释所有自然现象是可行的。伽利略时代后的200年间，这样的尝试，无论是否是有意识的，都明显存在于所有科学发展中。19世纪中叶的亥姆霍兹①清楚定义了这一点：

> 终于，我们发现，物理科学问题都能归结为不变的吸引和排斥力，这些力的强度完全取决于距离。对这个问题的解决是彻底理解自然的条件。

因此，根据亥姆霍兹的说法，科学发展的脉络已经注定，而且

---

① 赫尔曼·冯·亥姆霍兹（Hermann von Helmholtz，1821—1894），德国物理学家、生理学家、发明家，曾担任过军医。

严格遵循固定的程序：

一旦自然现象到简单力的简化完成，并有证据可以证明这是自然现象唯一可行的简化方式时，科学的任务就完成了。

对20世纪的物理学家来说，这个观念显然是古板而且天真的。研究的伟大冒险不久就要停止，这个想法真是挺吓人的，如果一劳永逸地建立起终极宇宙图景也很没有意思。

尽管这些信条将所有现象简化成简单的力，但是还有一个疑问，就是力的强度为何取决于距离。很有可能对于不同现象来说，两者的相关程度不同。为不同现象引入许多不同的力，这个必要性从哲学的观念来说显然是不合适的。不过，所谓的**机械观**倒是在那个时候发挥了重要作用，这个理念主要是由亥姆霍兹建立的。在直接受机械观影响的理论中，物质动力学的发展是最伟大的成就之一。

在见证它的衰落之前，我们先暂且接受过去一个世纪的科学家们持有的观点，再来看看我们能从这些对外部世界的理解中得出什么结论。

物质的运动论

是否有可能用质点通过简单力的互相作用而运动的方式来解释热现象呢？封闭容器中装入一定质量的气体——比如说空气——置于一定的温度下。通过加热，升高温度，从而增加了能量。但是这里的热是如何与运动关联的呢？可能的联系也许会来自我们最初接受的哲学观点，或者是热由运动产生。假如每个问题都是经典力学问题，热一定是机械能。**物质的运动论**的内容，就是以这种方式来表现物质的概念。根据这个理论，气体是数量庞大的质点或者**粒子**的组合，它们在不同的方向上运动，互相碰撞，并在碰撞中改变运动的方向。这里必然存在粒子的平均速率，就好像在有大量人口的社区中存在平均年龄或者平均财富一样。因此，每个粒子也有平均动能。容器中有更多的热就意味着更高的平均动能。因此，根据这个理解，热并不是某种特殊的能量，和机械能没有什么不同，不过是粒子运动的动能。要达到任何确定的温度，每个粒子就需要具有一定的平均动能。这实际上并非凭空猜测。如果想要建立一致的力学图景，我们不得不把一个粒子的动能看作测量气体温度的度量。

这个理论不仅仅是想象力的游戏。它不仅可以证明气体的运动论与实验吻合，而且确实引出了对客观现象的深刻理解。有几个例子可以说明这一点。

有一个用活塞密闭的容器，活塞可以随意移动。容器中装有一定数量的气体，处于恒温状态。活塞一开始处于某个位置，并可以往上提或者向下压。要把活塞压下去，力必须与内部气压的方向相对。根据物质的运动论，内部压强的产生机制是什么？巨额数量的粒子组成了气体，它们在所有方向上移动。它们轰炸瓶壁和活塞，再反弹，就像扔向墙壁的球。巨量粒子的持续撞击，抵抗住了作用于活塞上的地心引力和它的质量，让活塞保持在一定的高度。一个方向是恒定的地心引力，另一个则来自粒子的无序撞击。如果要保持平衡，所有作用在活塞上的小额无序力的净值，必须和地心引力大小相等（如图1-22）。

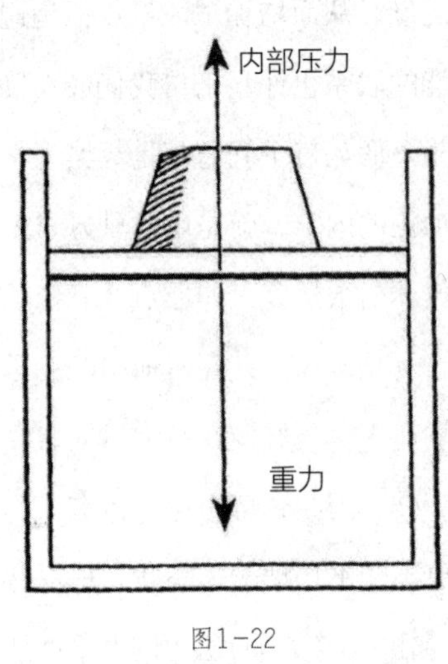

图1-22

假设我们已经把活塞压下去了，从而把气体的容积压缩到原来容积的部分大，比如说一半，温度保持不变。那么，根据运动论，会发生什么？这个力会导致撞击比先前更活跃还是更不活跃呢？现在，粒子之间挨得更紧密了。尽管，平均动能还是一样的，质点对活塞的撞击会更加频繁，因此总的力会更大。很明显，从物质的运动论的解释中可以看出，要让活塞保持在目前较低的位置，就要求更大的重量。这一简单的实验事实清晰可见，但是它的预测是遵循物质的运动推导出来的。

再看另一个实验设计。取两个容器，装有同等容积的不同气体，比如说氢气和氮气，二者温度一致。假设这两个容器各用一个活塞密闭，活塞重量一致。这说明，简单讲，就是两种气体拥有相同的容积、温度和压力。因为温度是一样的，根据理论，每个质点的平均动能也是一致的。因为压力是一样的，那么撞击两个活塞的力的总大小一致。从平均程度上看，每个粒子带有同样的能量，而且，两个容器都有一样的容积。所以，**每个容器中的粒子数量一定是等同的**，尽管气体在化学上是不同的。这个结果对于理解很多化学现象十分重要。它意味着，在给定容积、确定温度和压力下，粒子的数量保持一定是所有气体的特性，而非某种气体所特有。更令人震惊的是，物质的运动论不仅预测了存在这么庞大的数量，还让我们有能力确定数值。这一点我们很快就会说到。

物质的运动论不仅在数量也在性质上，解释了气体的规律，正如实验证明的那样。更进一步说，这个理论不仅限于气体，尽管它最大的成就就是在这个领域。

气体可以通过降温实现液化。物质温度的下降意味着粒子平均动能的下降。据此，可以清楚地得知液体粒子的动能小于相应气体粒子的动能。

液体粒子运动的惊人表现，第一次出现在所谓的**布朗运动**[①]中。这是一个著名的现象，如果没有物质的运动论，它依旧会相当的神秘和难以捉摸。生物学家布朗第一次发现了这个现象，而对它的解释则是在80年之后，即19世纪初。观测布朗运动唯一需要的装置是显微镜，甚至都不用是多么好的显微镜。

布朗当时在研究某些植物的花粉颗粒，他写道：

花粉或者其他粒子的尺寸大小通常在1英寸长的千分之四到千分之五之间。

他进一步报告：

在观察这些浸在水中的粒子时，我发现，它们中的许多都处于明显的运动中……在多次重复的观察后，我确信这些运动不是因为液体的流动或缓慢的汽化而发生的，而是出于粒子本身的运动。

布朗发现的正是当颗粒悬浮在水中并可以通过显微镜观察到的不停歇的运动。这是个令人印象深刻的发现。

---

① 罗伯特·布朗（Robert Brown，1773—1858），英国植物学家，主要贡献是发现了布朗运动（Brownian Motion），即被分子撞击的悬浮微粒做无规则运动的现象。

特定的植物是否是这个现象的关键呢？布朗回答了这个问题，他用多种不同植物重复了这个实验，并发现所有颗粒，只要足够小，它们浮在水中时就会显示出同样的运动。更进一步，他发现了同样不安、无序的运动，存在于极小的无机物颗粒中，就如有机物一样。即便是在狮身人面像粉碎的碎片中，他也观察到了相同的现象！

这个运动现象要如何解释？看起来它和之前所有的经验都截然相反。测量一个悬浮粒子的位置，比如说每30秒测量一次，就会揭示出它神奇的轨迹形式。不可思议的事情在于，这种运动具有显而易见的永恒性质。摆动的摆锤放入水中，如果没有外力推动，不久就会静止。永不停歇运动的存在似乎违背了所有经验。而物质的运动论精彩地解释了这一难题。

即便使用最高端的显微镜向水中看去，我们都不能看到水粒子和它们的运动，像是物质的运动论阐释的那样。可以得出的结论是，如果水是粒子集合体的理论是正确的，那么粒子的大小必定超出了最高端显微镜的可见度。不过，我们可以坚持这个理论，并假设，它和现实一致。通过显微镜看到的布朗粒子在互相撞击，而较小的粒子组合成了水。如果撞击的粒子足够小，布朗运动就会存在。它的存在是因为，不是所有的撞击都相等，也不能被综合抵消，是因为它是毫无规则、杂乱无章的。从而可以观察到的运动成了不可观测现象的结果。大颗粒子的行为，在一定程度上是对分子行为的高度放大，或者说使分子的行为在显微镜下是可见的。布朗粒子毫无规则、杂乱无章的轨迹特征，反映了组成物质的较小粒子也有类似无规律的轨迹。因此，我们可以理解，对布朗运动的定量分析能让我们对物质的运动论有更深的理解。很显然，可见的布朗运动取决于不可见撞击中分子的大小。如果这些撞击中的分子不具备一定数量的能量，或者说，如果它们不具有质量和速度，那么压根儿就不可能产生布朗运动。对布朗运动的研究能推导和测量分子的质量，因此也就不奇怪了。

理论和实践上的研究，形成了物质的运动论的定量特征。从布朗运动现象产生的线索是推导出定量数据的条件之一。同样的数据可以通过不同方式获得，这些方式则来自差异极大的线索。所有这些方法都支持相同的理念，这是最重要的事实，因为它证明了物质的运动论的内部一致性。

在诸多定量结果中，我们只说明一种通过实验和理论得到的结果。假设我们有1克所有元素中最轻的物体——氢气，请问：在这1克氢气中有多少粒子？这个答案代表的将不仅仅是氢气，还是所有的其他气体，因为我们已经知道了在同样的情形下，两种气体拥有同等数量的粒子。

这个理论让我们能够回答这个问题，确切的测量方法就是布朗运动中对一个悬浮粒子的测量。答案大得令人震惊：一个3，后面还跟着23个数！1克氢气中的粒子数量是：303 000 000 000 000 000 000 000。

想象1克氢气中的分子不断膨胀，直到通过显微镜能看见它们，比如说直径变成1英寸的千分之五，就像是布朗粒子一样。然后，把它们紧紧打包起来，我们得用边长1/4英里的盒子才行！

我们可以轻而易举地算出这种氢分子的质量，用1除以上述的数字。结果数字不可思议的小：0.000 000 000 000 000 000 000 003 3克，这代表的就是1个氢分子的质量。

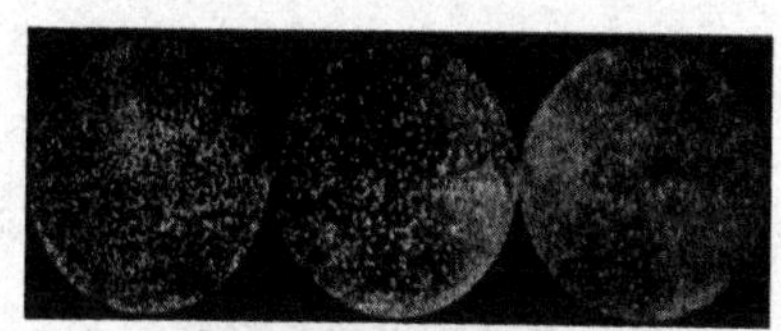

显微镜下的布朗粒子

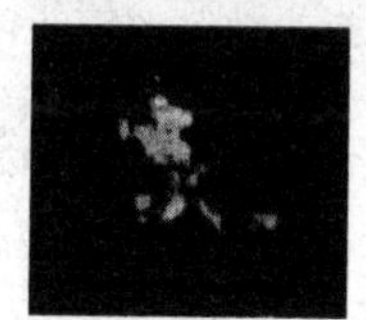

长曝光下拍摄到的一个布朗粒子，覆盖了一定的表面

图1-23

从许多布朗粒子中认定一个粒子进行观察所得到的连续位置　　从这些连续位置平均出来画成的路径

图1-24

布朗运动的实验不过是众多独立实验中的一个，它们都能够测量出这个数字，而这个数字在物理学中有着重要的作用。

在物质的运动论和它所有重要的成就中，我们看见了一般哲学进程的实现：把所有现象的解释简化成两个物质质点之间的联系。

总结：

在经典力学中，运动物体未来的轨迹是可以预测的，也可以追寻其过去的轨迹，只要知道它当下的状况和作用于其上的力。譬如说，所有行星未来的轨迹都能被预测。主要的作用力是牛顿的万有引力，它只取决于距离。经典力学的伟大成果说明，机械观可以持续地应用在物理学所有分支中，也就是所有现象都能通过力的作用解释，无论是吸引力还是排斥力，而且力的大小只取决于距离，只在不变的质点间起作用。

在物质的运动论中，我们看到，这个起源于经典力学问题的观点如何涵盖了热的现象，又如何成功解释了物质的结构。

机械观的衰落

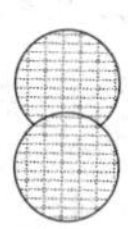

两种电流体－磁流体－第一个难题－光的速度－作为物质的光－色彩之谜－波是什么－光的波动说－纵波还是横波－以太和机械观

两种电流体

下面几页讲的是一个关于一些非常简单的实验的无聊报告。内容无聊不仅仅是因为对实验的描述与实际情况相比缺乏吸引力，更是因为，在理论形成之前，这些实验的意义还不明朗。我们的目标，是提供惊人的例证来说明理论在物理学中的作用。

1. 在玻璃底座上放置一根金属棒，金属的两端都用金属线一样的东西与验电器相连。什么是验电器？这是一个简单的装置，核心是两片金箔，它们从一小片金属的末端垂下来。这个装置封闭在玻璃罐或瓶子里，金属只和非金属物质接触，也就是绝缘体。除了验电器和金属棒，我们还配有一根硬的橡胶棒和一块法兰绒。

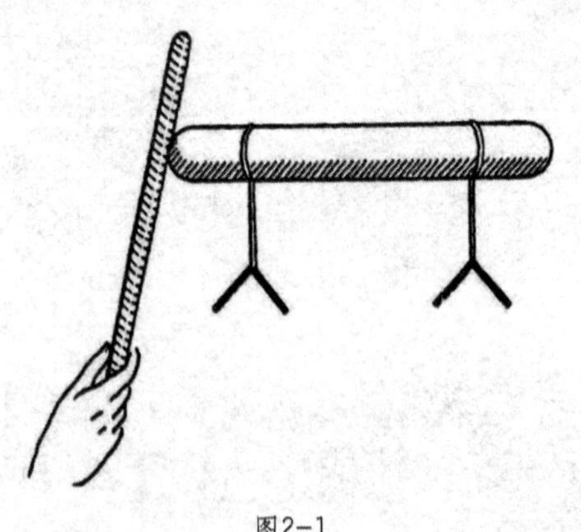

图2-1

实验如下进行：我们想看看验电器的金属片是否合拢，因为这是它们正常的位置。如果碰巧没有合拢，那么用手指触碰金属棒的一端可以让它们合拢。做完这些初始步骤之后，用法兰绒大力摩擦橡胶棒，再使其接触金属棒。金属片立刻分开了！就算移开了橡胶棒，它们还是分开的（如图2-1）。

2. 我们来进行另一个实验，用和前述实验一样的装置，再一次先让金属片紧密合拢在一起。这一次，我们不用橡胶棒实际接触金属棒，只是靠近它。再一次，叶片分开了。但有点不同！当没有接触金属棒的橡胶棒移开后，叶片迅速回到正常的位置，而不是保持分开。

3. 让我们稍微改变一下装置，用于第三个实验。假设，金属棒由两段连接起来的部分组成。用法兰绒摩擦橡胶棒，再一次把它靠近金属棒。相同的现象出现了：叶片分开了。但现在，把金属棒分开，成为两个部分，再拿开橡胶棒。我们发现，叶片依然分开，而不是像第二个实验那样回到它们起初的位置（如图2-2）。

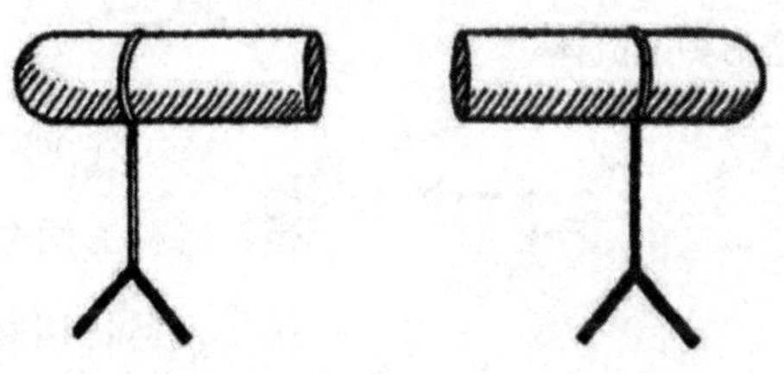

图2-2

要对这些简单而且幼稚的实验产生强烈的兴趣很难。在中世纪，它们的实验者很可能受到过谴责；而在我们看来，这些都很无聊、不合逻辑。但仅仅读过一遍内容就能毫无犹疑地重复实验过程也很难。一些理论概念可以让它们更好地被理解。我们可以进一步说明：除非预先多多少少了解它们的确切含义，否则很难不把这些实验看成意外现象。

现在，我们得说明一个简单、朴素的理论的基础，它能解释并描述所有的事实。

这里存在两种电流体，一种叫作正电流体（+），另一种是负电流体（-）。它们有点像已经解释过的物质，数量可以增加或减少，但是在任何独立系统中的总量是固定的。然而，这个例子和物质以及能量之间存在一个关键的不同之处。我们有两个电物质，可以在这里使用先前的金钱做类比，那当然是广义的说法。一个物体是电中性的，如果正电流体和负电流体刚好互相抵消了的话。一个人什么都没有，也许是因为他真的什么都没有，也或者是因为他放在保险箱里的钱和债务刚好相等。我们可以用账目上的借方和贷方条目来类比这两种电流体。

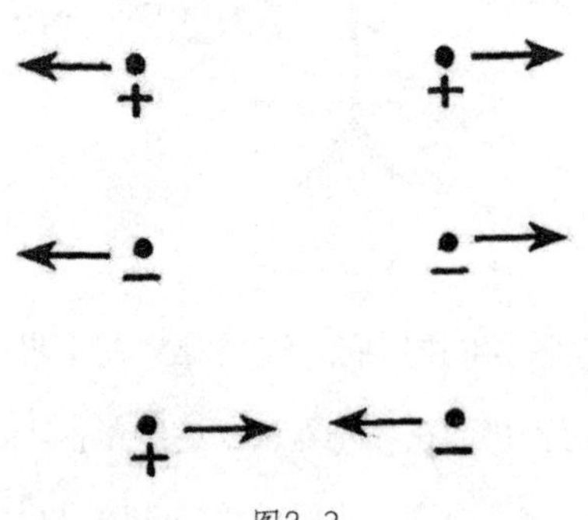

图2-3

这个理论接下来的假设是：同样的两个电流体互相排斥，但是相反的两个电流体互相吸引，可以用图2-3表示。

还需要最后一个理论假设：有两种物体，其中一种物体内部，电流体可以自由运动，称为**导体**；而在另一种物体内部电流体不能自由运动，称为**绝缘体**。同样的，在这些例子中，不要过于严肃地对待这个区别。导体和绝缘体的概念也是虚构的，永远不会实现。金属、地球、人体，都是导体，尽管有好有坏。玻璃、橡胶、瓷器，这类东西都是绝缘体。空气只有部分是绝缘体，任何看过前述实验的人都知道。把静电实验的糟糕结果归因于空气湿度总是一个不错的借口，因为湿度会提高导电性。

这些理论假设足够解释并描述那三个实验了。我们得再一次讨论它们，顺序和之前的一样，只不过要用电流体的理论。

1. 橡胶棒和所有其他处于正常情况下的物体一样，是电中性的。它包含两种电流体，正电流体和负电流体，而且数量一致。通过法兰绒的摩擦，我们分离开这两种电流体。这个说法纯粹是出于方便，只是应用了理论创造出的术语，用以解释摩擦过程。橡胶棒在之后拥有的剩余电流体，称为负的——这个名词显然也只是出于方便。如果这个实验是用玻璃棒摩擦猫的毛发，我们就得管它叫多余的正电流体，以符合约定俗成的东西。随着实验的进行，我们通过用橡胶棒触碰，把电流体导向金属导体。在金属中，电流体自由移动，扩散至所有金属中，包括金属片。因为负电流体和负电流体是互相排斥的，两个金属片就会尽可能地远离对方，结果就是刚才观测到的分开现象。金属放在玻璃或其他绝缘体上时也是如此，只要空气导电的能力很微弱，电流体就会留在导体中。我们现在理解了，为什么在实验开始前，我们必须触碰金属片。在这个例子中，金属片、人体和地球组成了一个巨大的导体，电流体被稀释，以至于从实际来看验电器中什么都没有留下。

2. 这个实验和上一个开始的方式一样。但是，橡胶棒不再是触碰金属棒，而仅仅是靠近它。导体中的两个自由移动的电流体被分开了，一种被吸引，一种被排斥。拿走橡胶棒之后，它们再次混合，因为相反类型的电流体会互相吸引。

3. 现在，我们把金属棒分成两个部分，然后移开橡胶棒。在这个例子中，两种电流体不能混合，所以金属叶片保留了一种电流体的富余，从而保持分开。

在简单理论的启示下，所有提到的现象看起来都可以理解了。这一理论还有更多功用，能让我们理解的不仅是这个例子，还有其他许多在“静电”范围的现象。每一种理论的目的都是引导我们去发现新的事实，解释新的实验，并推动我们去探索新的现象和规律。一个例子就能说清这一点，想象在第二个实验中有一点变化。假设，我在让橡胶棒靠近金属棒的同时，用手指触碰导体。现在会发生什么？理论回答：负电流体（–）现在可以通过我的身体逃走，结果是只留下了一种电流体，正电流体。只有靠近橡胶棒的金属叶片仍旧张开。实际实验也证实了这个预测（见图2–4）。

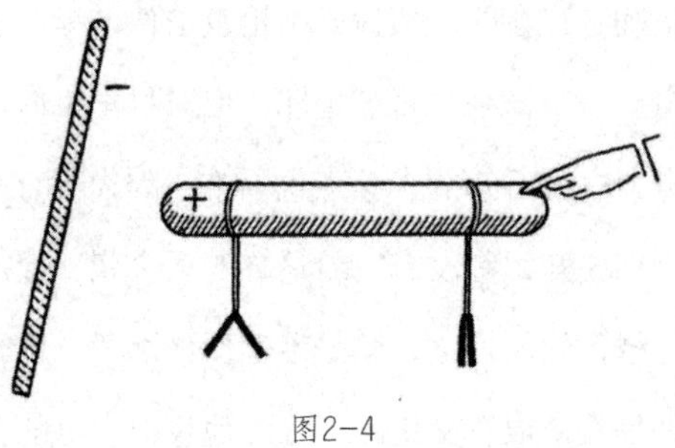

图2-4

从当代物理学的角度看，我们说的这个理论确实很朴素也不够充分。不过，它是一个很好的、可以说明每个物理学理论的特质的例子。

在科学里没有永恒的理论。常常发生的是，一个理论预测的事实被实验推翻。每一种理论都有它缓慢发展和成功的周期，在那之后，它也许要经历迅速的衰落。上面介绍过的热的物质理论，它的兴起与衰落就是众多可能例子之一。另外，更深远且重要的例子，会在稍后讨论。几乎每一个伟大的科学进步，都是从旧理论的危机中产生的，通过努力找寻困境的出路才得以被创造出来。我们必须检视旧的观点、旧的理论，尽管它们属于过去，因为这是理解新理论的重要性和它们有效性程度的唯一方法。

在本书的开篇，我们将研究者和侦探类比，侦探在搜集到必要的事实之后，通过纯粹的思考找到正确的解谜方法。从本质上看，这个类比一定会被认为是超级肤浅的。不管是在生活还是侦探小说中，犯罪者是确定存在的。侦探必须检查信件、指纹、子弹、枪，但至少他知道有一个谋杀犯将被定罪。但对科学家而言并非如此。想象一个对电力一无所知的人一点也不难，因为所有古人都活得很开心而且一点相关知识都没有。给这样的人金属、金箔、瓶子、硬橡胶棒、法兰绒，简而言之，就是给他操作那三个实验需要的一切材料。他也许是一个很有文化的人，但他也很有可能会把红酒倒进玻璃瓶，用法兰绒做抹布，而永远不会高高兴兴地去做我们描述过的事情。对于侦探而言，犯罪是给定的，问题是成立的：谁杀了知更鸟[①]？科学家则必须，至少部分上，要自己来“犯罪”，之后再进行调查。而且，他的任务不是解释单独一个例子，而是要解释所有发生过的和也许还会发生的现象。

在介绍电流体概念时，我们看到了机械观的影响，试图用物质和物质之间简单的力来解释一切。想知道机械观能否用于解释电的现象，我们必须考虑下列问题：给定两个小球，都带有一种电荷，也就是说，都带有一种电流体的富余。我们知道这两个球要么会互相吸引，要么互相排斥。但是，这个力是只取决于距离吗？如果是，是怎么做到的？最简单的猜测是这个力和引力一样与距离成反比，如果距离扩大到三倍，那么强度就是先前的1/9。这个实验是

---

① 来自英国童谣，原文是“Who Killed Cock Robin”，主要用于描述因果循环式的谋杀。

库仑[①]做的，它显示这个规律确实有效。在牛顿发现重力定律的100年后，库仑发现了静电力和距离之间类似的决定关系。牛顿定律和库仑定律之间主要的两个区别是：引力吸引是永远存在的，但是只有在物体携带电荷时才存在静电力。在引力情况下只有吸引，但是静电力可以是吸引，也可以是排斥。

在此，出现了和我们在思考热时相似的问题。电流体是不是无质量的物质？换句话说，在中性和带电荷的情况下，金属的重量是否一致？我们的测量显示没有区别。我们的结论是电流体也是无重量物质家族中的一员。

电理论的下一步进程要求引入两个新的概念。再一次，我们得拒绝严谨的定义，只用熟悉的概念做类比。我们还记得，在理解热现象时，关键是区分热自身和温度。在这里同样重要的是区分电势和电荷。以下类比可以清晰表现这两个概念的区别：

电势——温度

电荷——热

两个导体，比如两个大小不同的球，它们也许会有相同的电

---

① 查利·奥古斯丁·库仑（C.A.de Coulomb，1736—1806），法国物理学家、工程师。1785年创立库仑定律，使电磁学的研究由定性转为定量。

荷，也就是有同等富余的同一种电流体，但是在这两种情况下，电势将会不同，更小的球有更高的电势，而更大的球电势更低。在小的导体中，电流体会有更大的密度，从而被压缩得更多。由于排斥力和密度同步提升，相比于更大的球体，电荷在更小球体中逃逸的趋势也会更大。电荷从导体逃出的趋势是电势大小的直接量度。为了清楚说明电荷和电势的区别，我们得用几句话来描述加热物体的行为，还要用对应的句子来描述带电荷的导体（见表2-1）。

热	电
两个物体，开始时温度不同，二者接触一段时间后，温度一样	两个绝缘的导体，开始时电势不同，一旦接触，很快电势相同
如果两个物质的比热容不一样，同等热量在两个物体中引起的温度变化不同	如果两个物质的电容不同，同等数量的电荷在两个物体中导致的电势变化也不同
温度计与物体接触，通过水银柱的长度体现温度计自己的温度，从而显示物体的温度	验电器与导体接触，通过金属片的分开程度体现自己的电势，从而显示导体的电势

表 2-1

但一定不能太深入追究这个类比。有一个例子既可以显示区别，也可以显示相同之处。如果拿一个热的物体接触冷的物体，那么热会从更热的物体流向较冷的物体。另一方面，假设，我们有两个绝缘的导体，它们有数量相等但是正负相反的电荷，一个是正的，另一个是负的。二者电势不同。出于方便，我们认为负电荷相对的势能比正电荷的更低。如果把这两个导体放在一起，或者用金属线连接在一起，它会遵守电流体理论，也就是说，它们将显示出不带电荷，因此也完全不会有电势上的区别。我们必须想象一个电荷“流”，它在极短时间内从一个导体流向另一个导体，使得两者内部的电势差趋同。但这是怎么发生的？是正电流体流向负电流体，还是负电流体流向正电流体？

基于目前的情况，我们没有依据判断到底哪一种流动方式是对的。我们可以假设两种都有可能，或者两种方向的流动同时存在。选择一个说法只是出于方便，本身不存在什么重要的意义，因为我们没有用实验进行证明。更多的进展会产生更深刻的电理论，它能回答这个问题，但对于建立简单、基本的电流体理论来说毫无意义。在这里，我们应该采用以下表述：电流体从电势较高的导体流向电势较低的导体。在两个导体的案例中，电是从正向流向负向（见图2-5）。

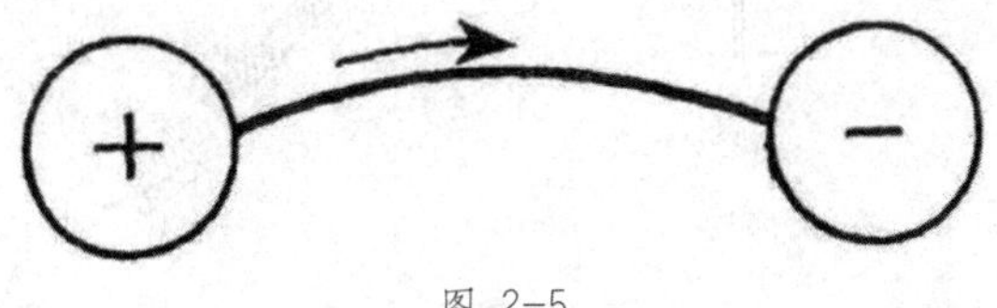

图 2-5

这个表述只是出于便利，在此也是非常武断的。所有的困难都表明热和电的类比是不完备的。

我们看到了在描述静电的基本事实中引入经典力学的可能性。同样，在磁现象中，这也是有可能的。

磁流体

在此，我们还是用之前的方法来推进，从非常简单的事实入手，然后寻找它们的理论解释。

1. 有两根长磁棒，一根依靠位于中心的支点悬停在空中，另一根拿在手里。两根磁棒的末端会相互靠近，在这个过程中能看到二者之间强有力的吸引（见图2-6）。这个情形常常会发生。如果没有发生吸引，我们必须把磁棒调转过来，试试另一头。如果磁棒具有磁性，就会引发一些现象。磁棒的两头称为它们的**极**。

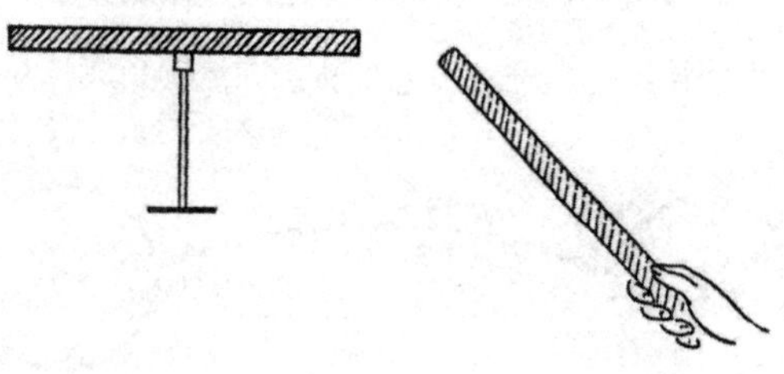

图 2-6

实验的下一步是，我们把手中磁棒的极沿另一个磁棒移动，可以看到吸引力在降低。当极到达悬挂磁棒的中间时，就没有任何力量了。如果这个极继续在相同的方向上移动，可以发现出现了排斥力，这个力会在悬挂磁棒的另一极处达到最大。

2. 上述实验还有其他启示。每根磁棒都有两个极，能否把它们区分开？想法非常简单：只要把一根磁棒分成两个相同的部分即可。我们曾看到，在一根磁棒的极和另一根磁棒的中心之间，不存在任何力。但是，真的把磁棒分开后的结果却令人意外。如果我们重复实验1描述的现象，悬浮的是只有一半的磁棒，结果和先前的实验一模一样！先前没有磁力迹象的地方，现在是一个强有力的极。

如何解释这些事实呢？我们可以试着在电流体理论的基础上，建立磁的理论。可以提供支持的事实是，在这个例子中也有吸引和排斥，就如静电现象中的一样。想象两个拥有相同电荷的球形导体，一个是正电荷，一个负电荷。此处的“相同”指绝对值一样，比如说，+5和-5，它们的绝对值是一样的。假设，这两个球体由绝缘体连接，比如玻璃棒。

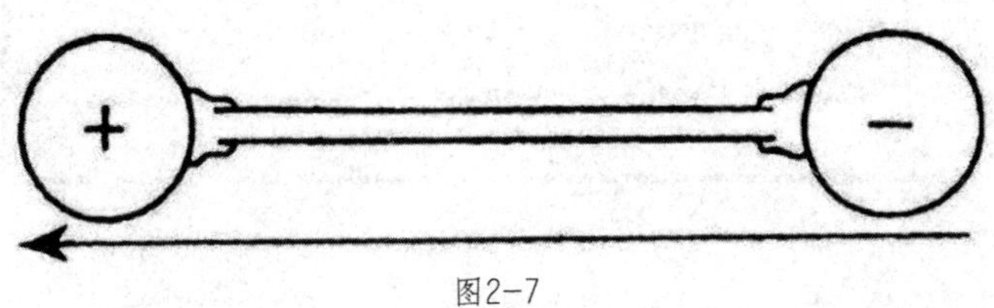

图2-7

这个装置的原理图可以用箭头表示，它从负电荷导体指向正电荷导体。我们可以管这一整个东西叫电的**偶极子**（见图2-7）。显然，两个这种偶极子的表现会和实验1中的磁棒一模一样。如果把这个发明看成真实磁铁的模型，我们可以说，假设存在磁流体，这样磁铁就是个**磁偶极子**，它的两端就有不同类型的流体。这个简单的理论是对电理论的模仿，但足以解释第一个实验。在一端存在吸引力，另一端是排斥力，中间则是两个方向相反、大小相等的力的平衡。那第二个实验呢？在电荷偶极子的例子中，断开玻璃棒我们能得到两个分开的极。磁偶极子中的磁棒应该保持和之前一样的性质，但这和第二个实验的结果相反。这一相悖情形迫使我们引入更细致的理论。抛开先前的模型，我们需要想象磁铁拥有非常细小的基本磁偶极子，它不能被掰成分开的两个极。磁铁中遵循整体的规则，所有的基本偶极子都指向相同的方向（见图2-8）。

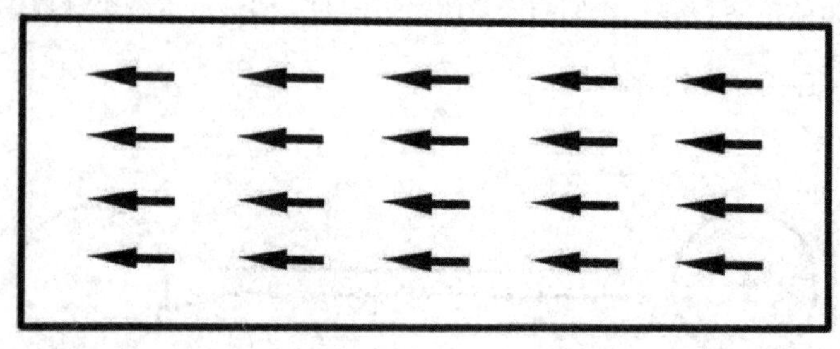

图2-8

我们立刻就能发现，为什么切断一根磁铁后会在新的顶端出现两个极，以及为什么这个更精细的理论既能解释第一个实验，也能解释第二个实验。

在很多情况下，更简单的理论就能给出解释，细化显得没有必要。举个例子：我们知道磁铁可以吸引铁屑。但为什么呢？在普通的铁屑中，这两种磁流体是混合的，所以没有显示出效应。用一个正极靠近它相当于是对流体下了“分区命令”，会吸引铁屑的负极流体，排斥正极流体。铁屑和磁铁间的吸引在流动。如果磁铁移开了，流体会多多少少回到原始的水平，程度取决于它们是否还记得外力的命令。

对于这个问题的定量没有什么可以多说的。在两根非常长的带磁棒中，我们可以观察到它们极间的吸引（或排斥）。当把一个极靠近另一个的时候，磁棒另外两极之间的作用可以忽略不计，如果棍子足够长。吸引和排斥取决于极之间的距离吗？库仑实验给出了答案：是。与距离的关系和牛顿万有引力定律以及库仑静电定律是一样的。

我们再次在这个理论中看到了一般观点的应用：用吸引力和排斥力来解释所有现象的倾向，这两个力的大小只取决于距离，而且作用在不会变化的质点之间。

有一个人尽皆知的事实需要提到，因为稍后我们会用到它。地球是一个巨大的磁偶极子，没有线索可以解释为何如此。北极近似于地球的负极（－），南极是正极（＋）。正负极名称只是约定俗成的叫法，但一旦固定，我们就能在其他任何地方找到磁极。在垂直轴上放置的磁针，会遵循地球磁力的命令。它的正极会直指北极点，也就是地球的负磁极。

尽管我们可以和先前一样，在此处电和磁现象中引入机械观，但这并没有什么值得骄傲或高兴的。即便还没到让人沮丧的程度，但机械观的某些部分确确实实不让人满意。必须创造新的物质类型了：两种电流体和基本磁偶极子。物质的种类也太多了吧！

力是很简单的。可以用类似的方式来表示引力、电力和磁力。但是，简洁付出了很高代价：引入了新的无质量物质。这些不过是人造的概念，而且和基础的物质——质量，毫无联系。

第一个难题

现在，我们准备好指出在应用一般哲学观念时的第一个重大难题。稍后会说明，这个难题还有其他更加棘手的难题，会导致“用机械观可以解释所有现象”这一信念的全面崩溃。

科学与技术分支的巨大进步始于电流的发现。在科学史上我们发现只有少数几个实验中，偶然才扮演了非常关键的角色。蛙腿痉挛的故事有许多不同版本。无视其他细节的真实性，毫无疑问的是，伽尔瓦尼[①]的意外发现使伏特[②]在18世纪末期构造出了所谓的伏特电池。它早已没有任何实际用处，但依然提供了一个简单的例子，用作学校展示和教科书描述电流的来源。

它的构造原理很简单。有几个玻璃杯，每一杯里都有混入少许硫酸的水。每个杯子中都有两个金属片，一个是铜片，另一个是锌片，它们浸在装置中。一个杯子中的铜片与下一个杯子中的锌片连接，这样，就只有第一个杯子中的锌片和最后一个杯中的铜片还没

---

① 路易吉·伽尔瓦尼（Luigi Galvani，1737—1798），意大利医生和动物学家。

② 亚历山德罗·伏特（Alessandro Volta，1745—1827），意大利物理学家。

有连接。我们可以借助十分灵敏的验电器，连接在第一个杯中的铜片和最后一个杯中的锌片之间，以此观测到电势的变化。如果“构成元件”的数目足够多，也就是浸有金属片的杯子足够多的话，它们就构成了电池。

为了能够轻松地测量电势差，我们使用了以上由多个元件构成的电池装置。但在进一步的讨论中，只用单一元件就够了。铜的电势显示比锌的高。“高”在这里表示的是+2比−2大。如果用一个导体连接闲置的铜片和锌片，两者都会产生电荷，前者带正电荷，后者带负电荷。到此，没有任何新的或者惊人的现象出现，我们也许会试着用先前电势差的概念来解释。我们知道，两个导体之间的电势差可以迅速抵消，只要用金属线把它们连起来，这样就会有电流体从一个导体流向另一个导体。这个过程和温度在热的流动下趋同相似。但是它在伏特电池中起作用吗？伏特在报告中写道，金属片的表现犹如导体：

……微弱的电流，变化几乎不可察觉，也或者，它们是在各自放电后再产生电荷，就又回到了原本的状态；简而言之，它提供了无限的电荷，或者是产生了电流体永久的作用或者脉冲。

实验惊人的结果在于，不像金属线连接的两个充电导体那样，铜片和锌片之间的电势差并没有消失。电势差存留下来，而且根据电流体理论，是在持续不断地产生电流体，并从电势水平高的（铜片）流向低的（锌片）。为了拯救电流体理论，我们也许要假设，有恒定的力使得电势差再次出现，也带来了电流体的流动。但从能量的角度看，整个现象是非常惊人的。带有电流的金属线中产生了数量可观的热，即便和熔化金属线的热相比这点热微不足道。因此，可以说金属线中有热能产生。但整个伏特电池是个孤立系统，没有用到外部的能量。如果想挽救能量守恒定律，我们必须找出转化发生的位置，以及热是怎么转换而来的。认识到电池中发生了复杂的化学变化并不难，浸入的铜片和锌片，以及液体本身都产生了反应。从能量角度看，发生的转化链是这样的：化学能量→电流体流动的能量即电流→热。伏特电池不会永远运作下去；化学变化和电流在一段时间后会让电池失效。

这个实验着实显示了机械观存在的巨大困难，对于任何第一次听说的人而言，如此运用机械观必定很古怪。120年前，奥斯特[①]操作过这样的实验。他写道：

通过这些实验，似乎显示了磁针在伽尔瓦尼装置的影响下改变了位置，而这发生在当伽尔瓦尼电路闭合而不是断开的时候。毫无

① 汉斯·克海斯提安·奥斯特（Hans Christian Oersted，1777—1851），丹麦物理学家、化学家和文学家。

疑问，每一个著名的物理学家都在几年前徒劳无功地尝试过在电路断开时使磁针产生位移的实验。

假设我们有一个伏特电池和一根金属线。如果金属线连上了铜片而不是锌片，就会存在电势差，但没有电流可以流动。假设，金属线弯曲组成环路，在中央放置一个磁针，金属线和磁针处于一个平面上。只要金属线不触碰锌片，什么都不会发生。没有力的作用，存在的电势差对磁针的位置毫无影响。似乎很难理解为什么“著名的物理学家”——这是奥斯特对他们的称呼，会期望有这样的现象。

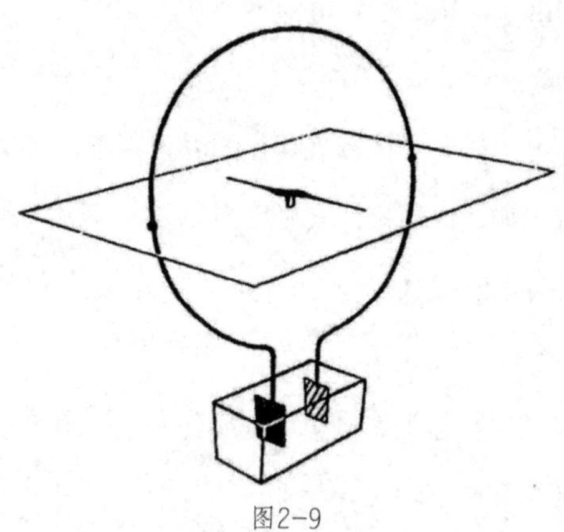

图2-9

但是现在，让我们把金属线和锌片连在一起。一瞬间，奇怪的事情发生了：磁针偏离了先前的位置。如果用这本书的书页象征电路所在的平面的话，磁针的一个极现在指向了读者（见图2-9）。面对实验的事实，我们很难否认一个垂直于线圈平面的力作用在了磁极上。

这个实验很有意思，从表面上看，它展现了两个显然不同现象的联系，就是磁流和电流。还有另一个更加重要的方面。磁极和通过电流的小部分金属线之间的作用力，方向与连接金属线与磁针的线不一致，与电流体粒子流动以及基本磁偶极子的方向也不一致。这个力和这些方向都是垂直的！头一回出现了截然不同的力，根据经典力学，我们试图去掉所有外部世界的作用。我们还记得万有引力、电力和磁力都遵循牛顿和库仑定律，会沿着连接两个吸引或排斥的物体之间的直线起作用。

这个难题经由一项实验变得更为严峻，实验是由罗兰[①]在近60年前，以精湛的技术操作的。去除技术上的细节，这个实验可以表述如下：想象一个带电小球，再想象这个小球正沿环形轨道

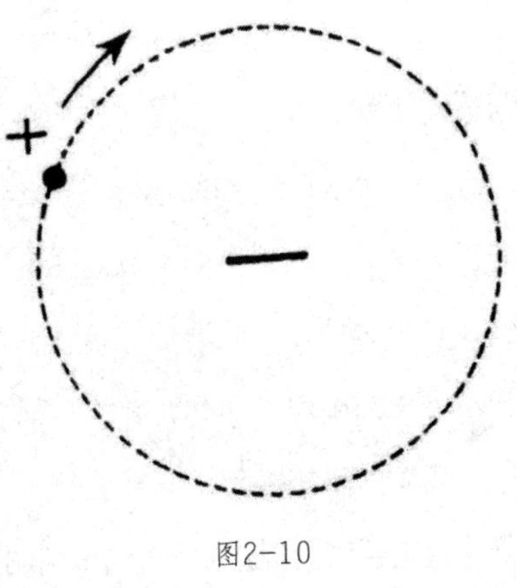

图2-10

① 亨利·奥古斯特·罗兰（Henry Augustus Rowland，1848—1901），美国物理学家。

高速运动，环形中央是一根磁针（见图2-10）。从原理上讲，这和奥斯特的实验是一致的，唯一的区别在于，这不是普通的电流，而是电荷在经典力学作用下的运动。罗兰发现，结果实际上与电流流经环形电路时发现的结果近似。磁针在垂直力的作用下偏转。

现在，加速电荷运动。作用在磁极上的力相应地加大了，对初始位置的偏离也更加明显。这个发现代表了更为复杂的情形。

不只是力不再作用于连接电荷和磁极的直线上，甚至是力的强度也取决于电荷的速度。整个机械观的基础信念是，所有现象都可以用力来解释，而力只取决于距离不是速度。罗兰实验的结果确切无疑地动摇了这个信念。然而，我们也可以持保守态度，从旧概念的框架中寻找解释。

这种难题，是理论辉煌发展中让人措手不及的障碍，而且在科学史上频繁发生。有时，对旧观念的简单推广看起来是一个不错的选择，至少暂时如此。在现在这个例子中，它似乎足够了，举例来说，为了扩大原有的论点而在基本质点之间引入更一般的力。然而，时不时地，对旧理论的修修补补不再可能，难题就在它的衰落和新理念的出现。在此，并不是只有小小的一根磁针打破了看似完备、成功的机械观理论。其他攻击会从完全不同的角度产生，甚至更加直指要害。但这是另一个故事了，我们会在稍后讲到。

光的速度

在伽利略的《关于两门新科学的对话》中，我们听到了大师和学生就光的速度的对话：

塞格雷多：但是当我们必须考虑光的速度时，是按照怎样的类型和什么程度来考虑的呢？它是瞬时发生的，还是像别的运动需要一定的时间？我们能通过实验确定吗？

辛普利邱：日常经验显示，光的传播是瞬间发生的；当我们看到一枚发射的火炮时，就算隔得很远，眼睛看到烟雾也不会花一点时间，但是要在可发现的间隔之后，耳朵才会听到声音。

塞格雷多：嗯，我唯一能从这个熟悉的经验中推断出的是，声音在到达我们耳朵的过程中，运行的速度比光慢；它没能告诉我，光是瞬间产生的，还是说，尽管极其快速，但还是需要时间……

萨尔维亚蒂：这些现象还有其他类似发现之间小小的相似，曾经让我设计出一个方法，通过这个方法也许能精准确定光照，也就是光的传播，是否真的是瞬时发生的……

萨尔维亚蒂接着解释他的实验方法。为了理解他的想法，让我们想象光的速度不仅是有限的，也是很小的，光运动的速度变慢，就像慢速电影中的那样。两个人A和B，拿着被罩住的灯笼，二人间隔1英里站着。两人约定，一看到A的灯笼亮光，B就打开自己的灯笼。假设，在“慢速运动”中，光行驶1英里用时1秒。A通过揭开自己的灯笼发送了信号。B在一秒后看到信号，发出回应信号。A接到回信是在自己发出信号后的两秒。也就是说，假设B就在1英里外的地方，如果光以每秒1英里的速度运行，在A发出和接到信号期间应该过了两秒。反过来，如果A并不知道光的速度，但是假设他的同伴遵守约定，而他注意到B的灯笼是在距自己揭开灯笼后的两秒内揭开的，他也可以得出光速是每秒1英里的结论。

用当时具备的实验技术，伽利略鲜有机会以这种方式测量出光的速度。如果距离是一英里，他将发现这个时间间隔是一秒的十万分之一量级！

伽利略提出了测量光速的问题，但没有解决它。问题的提出常常比问题的解决更关键，解决也许只是数学或实验技术的事情。而提出新的问题、新的可能性，从新的角度考量旧问题，就要求有创造性的想象，这标志着科学真正的进步。惯性定律、能量守恒定律，只能产生在对早就广为人知的实验和现象的创新思考中。在本书接下来的篇章中，能找到很多此类案例，它们会进一步强调用新视野探究已知事实的重要性，也会描述新的理论。

回到相对简单的测量光速的问题，我们也许会发现，伽利略竟然没有意识到，他的实验可以用更简单、更精确的方法操作，而且只用一个人即可。与其让同伴站在一定距离之外，不如在那里安装一个镜子，它会在接收到信号后立刻自动地送回信号。

大约在250年之后，菲佐[①]应用了这个相当简单的原理，他是第一个通过地面实验确定光速的人。其实更早之前的罗默[②]也测量了，但是不够准确，他用的是天文观测。

显然，从巨大的数值上看，测量光速的距离只能用近似于地球与太阳系其他行星之间的距离，或者通过高度精密的实验技术。第一个方法是罗默用的，用第二个方法的是菲佐。在这些早期实验之后，又多次测量了代表光速的关键数字，一次比一次精确。在20世纪，迈克尔逊[③]为这个目的设计了高度精密的测量技术。

这些实验的结果可以简要表述：光在真空中的速度大约是每秒186 000英里，或者是每秒钟300 000千米。

---

① 亚曼·希普利特·路易士·菲佐（Armand Hippolyte Louis Fizeau，1819—1896），法国物理学家。

② 奥勒·罗默（Ole Rmer，1644—1710），丹麦天文学家。

③ 阿尔伯特·亚伯拉罕·迈克尔逊（Albert Abraham Michelson，1852—1931），美国科学家，因为在光谱学和度量学研究工作中的杰出贡献，被授予1907年诺贝尔物理学奖。

作为物质的光

再一次，我们要从几个实验现象开始。刚刚提到的光的速度用真空做了限定。光以自身的速度在真空中穿梭是不会被打断的。即便我们把空气从玻璃容器中抽出来，也还能看到容器的另一面。我们能看到行星、恒星、星云，尽管它们发出的光到达我们的眼睛之间经过的空间是真空的。无论容器里面有没有空气我们都可以看穿它，这个简单的事实显示，空气的存在影响甚微。因此，我们可以在日常的房间里操作光学实验，这和在真空环境下操作的效果一样。

其中一个最简单的光学事实是，光沿直线传播。可以用简单、朴素的实验来证明这一点。在点光源之前放置一块板，板上有一个洞。点光源是非常小的光源，比如说，遮蔽灯笼上的小开口。远处的墙面上，板上的孔变成了黑暗背景里的亮光。图2-11显示了这个现象是如何与光的直线传播联系在一起的。所有这类现象，甚至是更复杂的情形，在那些情形中出现的光、影子和半影，都能用这个猜想解释：在真空或空气中，光沿直线传播。

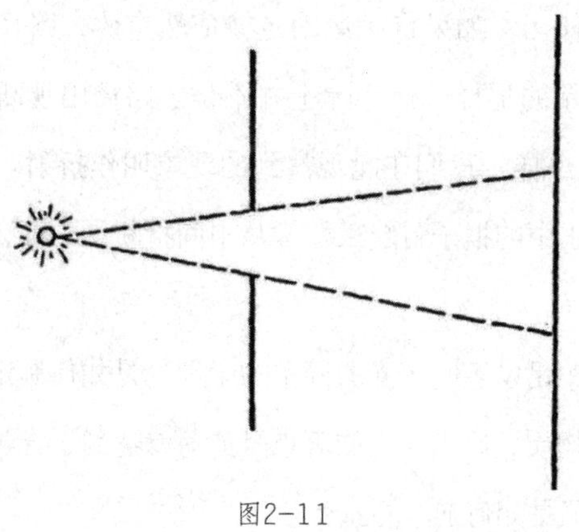

图2-11

我们再看看另一个例子：光穿过物质。让一束光穿过真空并落在玻璃板上。

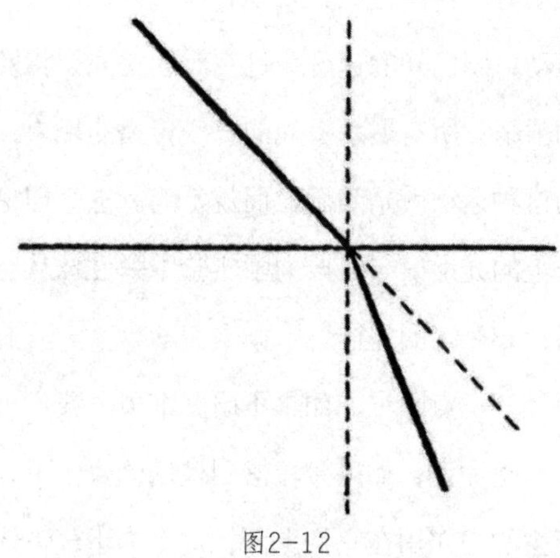

图2-12

发生了什么？如果直线运动定律依然有效，路径应该是（右侧）虚线显示的那样。但实际上并不是。路径出现断裂，就像图2-12显示的那样。我们在此观察到的现象叫作**折射**。与此相似的是，半浸在水中的棍子看起来好像从中间折断了一样，这是折射的众多表现之一。

这些事实足以表明，光的简单力学理论是如何制定的。我们的目标是说明物质、质点和力的观点是如何渗透到了光学领域中，最终旧哲学观又是如何崩溃的。

这个理论以其最简单、最朴素的形式证明了自己。假设，所有发光物体都发出光粒子，或者说**微粒**，它们落到我们的眼里，创造了光的感知。我们早已熟悉了引入新的物质，如果其力学解释是有必要的，那我们可以再做一次，无须有什么大的迟疑。这些微粒必须沿着直线运动，以已知的速度穿过空洞的空间，将发光物体的信息带到我们的眼睛。所有展示了光的直线传播的现象，都支持光的微粒说，因为这种运动就是为微粒而规定的。这个理论也十分简易地说明了镜子上的光反射与经典力学实验中弹性球从墙面反弹是同样的，就如图2-13表现的那样。

折射的解释有一点困难。如果不研究细节，我们可以发现力学解释的可能性。比如说，如果微粒落到玻璃的表面上，那也许是玻璃中的粒子产生的力作用在它们上面，这个力十分古怪，只会在瞬间接近的物质之间起作用。

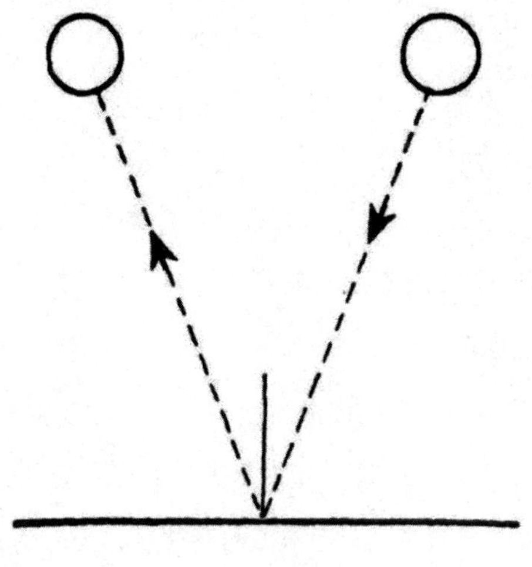

图2-13

任何作用在运动粒子上的力都会改变速度，这一点我们早就知道。如果作用在光微粒上的力是垂直于玻璃表面的引力，新的运动将会出现在原始轨迹和垂直线之间的某处。这个简单的解释看起来保证了光微粒说的成功。然而，为了确定这个理论是否有用、在什么程度上有效，我们必须探讨新的、更复杂的事实。

色彩之谜

再一次是天才的牛顿首先解释了世界上为什么有丰富的颜色。牛顿曾描述过他的一个实验：

在1666年（那个时候，我投身于研磨光学镜片，而且是球体以外的形状），我给自己做了个三角形棱镜，用来试验著名的色彩现象。步骤是，先把房间弄暗，然后在窗户关闭的地方开出一个小孔，放进一点点阳光，接着我把三棱镜放在光进入的地方，光也许会折射到对面的墙上。一开始，那真是令人无比高兴的娱乐活动，可以从中看到多姿多彩的颜色。

从太阳而来的光是“白色”。光穿过三棱镜后，便显示出了可见世界中的所有颜色。自然本身能在彩虹美丽的配色中复制这个结果。对这个现象的解释非常古老。《圣经》故事说，彩虹是上帝与人类签订合约的标志，从某种程度上讲，这是一个“理论”。但是它无法解释为什么彩虹会一次次重复出现，又是为什么总和雨有关。是牛顿的伟大工作第一次科学地探讨了关于色彩的所有谜题，并提出了合理的解释。

彩虹的一边往往是红色，另一边则是紫色。而两者之间有所有的颜色。对于这个现象，牛顿的解释是：每种颜色早已存在在白光中。它们一起穿越星际空间和大气层，产生了白光。白光，也就是不同微粒的混合物，这些微粒属于不同的颜色。在牛顿的实验中，棱镜把它们在空间里区分开。根据机械观，折射是由作用在光微粒上的力和源自玻璃粒子的力共同造成的。这两种力对于从属于不同颜色的微粒是不一样的，它们对紫色的影响最大，对红色最小。因此当光离开棱镜时，每种颜色会沿着不同的轨迹折射，并互相区分。在彩虹的例子中，水滴便扮演着棱镜的角色。

光的物质理论比之前的还要复杂。我们有的不是一种光物质，而是很多种，每种都属于不同的颜色。然而，如果这个理论有真实的部分，那它的结论一定和实验一致。

正如牛顿实验揭示的，太阳白光中的一系列颜色被称为太阳光谱，或者更确切地说，是可见光谱。将白光分解成各个组成成分，正如上面描述的那样，叫作光的色散。光谱分开的颜色能被再次混合，只要准确放置了第二个三棱镜，除非给定的解释是错误的。这个过程应该只是前一个过程的反向。从先前分开的颜色中，我们应该可以得到白光。牛顿通过实验显示，确实有可能以这种简单的方式，从光谱得到白光，又从白光得到光谱，想重复多少次都可以。这些实验形成了这个理论强有力的支撑，在理论中，属于每种颜色的微粒正如不会改变的物质一样。牛顿从而写道：

……现在出现了新的颜色，但只有在分离后才会明显；如果把它们二次充分混合，它们会再次组成那个颜色，就是分开之前那样。基于同样的原因，不同颜色组合产生的颜色转变是不真实的；因为，当不规则的射线再次产生，它们将显示出和组合之前一模一样的颜色；正如你所见蓝色和黄色的粉末，当它们充分混合，在肉眼看来呈现出的是绿色，然而，组成微粒的颜色并没有因此真的转变，只是混合了。因为在精良的显微镜下，它们还会显示出蓝黄相间的颜色。

假设，我们从光谱中分离了极狭窄的一条出来。这意味着，在所有的颜色中，我们只允许其中一种通过这个细缝，其他都会被屏幕阻隔。通过的光束将组成单色光，也就是不能分离出更多其他成分的光。这是这个定义的结果，也能通过实验轻易证实。没有任何途径可以让这样一束简单的光再次分离。有几个简单的方法可以得到单色光。比如说，钠在炽热时会产生黄色的单色光。用单色光操作特定的光学实验非常方便，这很好理解，因为这样实验的结果也会更简单。

让我们想象忽然发生了一件十分古怪的事情：太阳一开始只产生某种特定颜色的单色光，比如黄色。那地球上缤纷多彩的颜色就会瞬间消失。万物将不是黄色就是黑色！这个预测是基于光的物质理论，因为无法创造出新的颜色。可以用实验确证它的有效性：在一个房间里，唯一的光源是一个白炽钠光灯，所有物体不是黄色就是黑色。世上琳琅满目的色彩说明，各种各样的颜色共同组成了白光。

光的物质理论似乎在此类所有例子中能得到出色的运用，尽管有多少颜色就必须得引入多少种物质，这对我们来说多少有些麻烦。而假设光的所有微粒在真空下有完全一样的速度的假说也似乎过于牵强了。

可以想见，另一种假设、一种完全不同的理论，也可以运作良好，也能给出需要的所有解释。实际上，我们很快就会亲眼见证其他理论的兴起，它们是基于完全不同的概念，但同样可以解释光学领域的现象。在建立新理论的基础猜想之前，我们不得不先问一个和光学无关的问题。我们必须回到经典力学上来，并发问——

波是什么

从伦敦开始的流言蜚语很快就能传到爱丁堡，即便没有任何一个人专门在两座城市之间散播流言。这里包含了两种迥然不同的运动，一种是从伦敦到爱丁堡的流言，另一种是传播流言的人。风吹过麦田，形成的波穿过我们遍及整个田野。再一次，我们必须区分波的运动和一棵棵植物的运动，后者只经历了微小的震动。我们都见过当石头落入池塘的水中，水波会一圈一圈更大地荡漾开来。波的运动和水粒子的运动十分不同。粒子只是上下运动。我们观察到的波运动是物质状态的运动而不是物质本身的运动。浮在波上的软木塞可以清楚地显示这一点，因为它是跟着水的运动上下起伏，而不是被波带走。

为了更好地理解波的机制，我们再来思考一个理想实验。假设在一个很大的空间里，均匀地布满了水，或者空气，或者其他介质。在中央有一个球体。实验开始时，没有任何运动。忽然，球体开始有节奏地“呼吸”，体积扩大、收缩，但依然还保持着球的形状（见图2-14）。那介质会发生什么呢？让我们从球扩大的时刻开始测验。与球体相近的介质粒子会被推出，因此，周围球壳状的水体或者空气（只要是实验中用的介质）的密度会高于正常值。同样，当球体收缩，紧紧围绕球体的介质的密度会下降。密度的变化会在整个介质里传递。组成介质的粒子只会小幅振动，但是整体运动是一个前进波。关键性的新变化是，我们考虑的运动第一次不是物质的，而是通过物质传播的能量的运动。

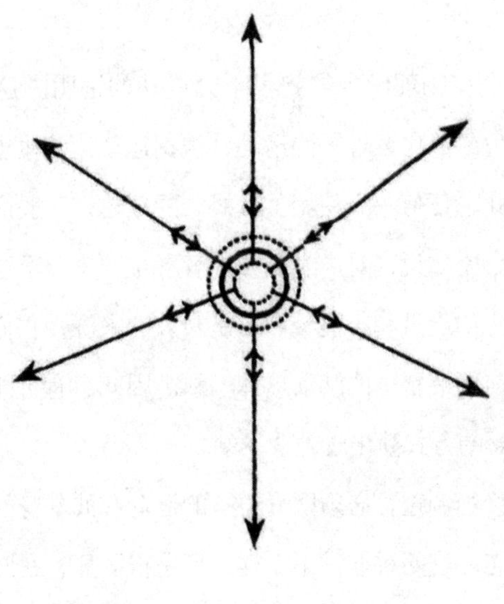

图2-14

利用脉动球体的例子，我们可以引入两个一般物理学概念，这对界定波的特质很重要。第一个是波传播的速度。这将取决于介质，举例而言就是在水中和空气中传播的速度不一样。第二个概念是波长。对于大海或河流中的波，指的就是从一道波到下一道波的距离，或者是从一道波的波峰到下一个波峰的距离。因此，大海的波比河流的波拥有更大的波长。在脉动球体的装置中，波长是在确定时间里、相邻两个显示出的最大密度和最小密度的球壳介质距离。显然，这种距离不会只取决于介质。球体脉动的节奏毫无疑问也有巨大的影响，脉动更快，会带来更短的波长，脉动变慢，波长更长。

波的概念在物理学中得到了十分成功的证明。这绝对是一个力学概念。现象简化至粒子的运动，根据运动论，粒子是物质的组成部分。因此，任何一个使用了波概念的理论，一般而言，都被看作力学理论。比如说，对声学现象的解释主要来源于这个概念。振动的物体，比如声带和小提琴琴弦是声波的来源，它们通过空气传播，方式和前面解释过的脉动球体一致。因此，有可能将所有声学现象以波概念的方式简化成力学现象。

我们曾经强调过，必须区分粒子的运动和波本身的运动，后者是介质的状态。这两种非常不一样，但是很明显，在脉动球体的例子中，两种运动都是直线的。

介质的粒子沿着较短的线段振动，密度则根据这个运动周期变大或减小。波传播的方向和振动的方向相同，这种波被称为纵波。但这是波的唯一形式吗？进一步的思考很重要，我们从而意识到有可能存在不同形式的波，它叫作横波。

让我们改变一下先前的例子。还用这个球体，但把它浸在另一种介质中，不是空气，也不是水，而是某种胶质。再者，球体不再是脉动的，而是沿着一个方向转动，转一个角度后再朝相反的方向转回，保持一定的节奏，但总是绕着确定的轴（见图2–15）。胶质附着在球体上，附着的部分因此被迫模仿运动。这些部分又迫使稍远处的部分模仿相同的运动，以此类推，从而在介质中形成了波。如果我们留心介质运动和波运动的区别，就能发现它们并不在一条线上。波是在球体半径的方向上传播，而局部介质的运动垂直于这个方向。我们从而创造出了横波。

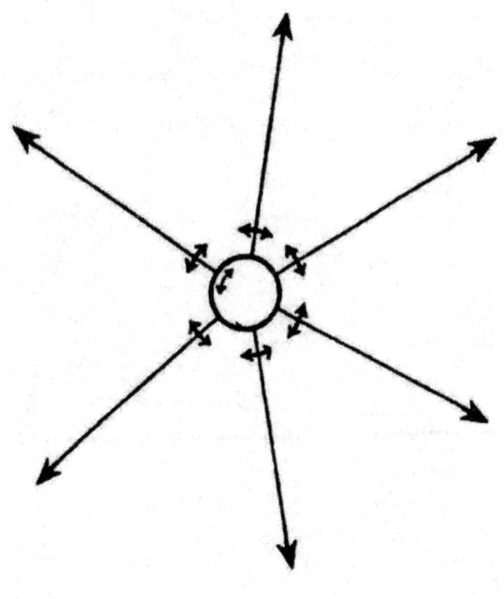

图2–15

在水面上传播的波是横向的。一根浮木只会上下起伏，而波却在水平面上传播。声波，则恰恰相反，是最熟悉的纵波的例子。

还有一点要说明：由脉动或者振动球体在单一介质中产生的波是球形波。之所以这么叫是因为在任意时刻围绕波源——球体的所有粒子都以同样的方式运动。让我们在很远的距离观察这种球形波的一部分。这一部分离球心的距离越远，选取的面越小，它就越接近一个平面。可以说，如果不太讲究精确的话，在平面的一部分和半径足够大的球面的一部分之间，没有本质上的差别。我们往往说，远离波源的一小部分球形波是**平面波**。图2-16中阴影部分距离球体的中心越远，两个半径之间的夹角越小，越适合用来表示平面波。平面波的概念，和很多物理概念一样，就是个假设，只有一定程度的准确性。然而，它是一个有用的概念，我们稍后会用到。

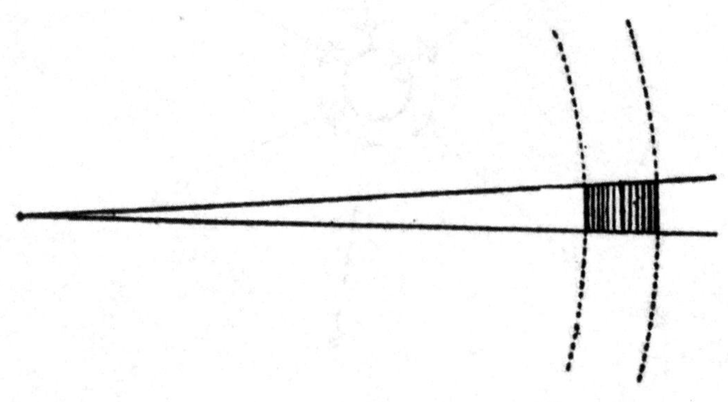

图2-16

光的波动说

让我们回顾一下为什么中断对光学现象的描述。我们的目的是介绍另一种光理论，它和光的微粒说不同，但也试图解释同一个领域的事实。要达成这个目标，我们不得不暂停叙述，先介绍波的概念。现在，我们可以回到正题了。

惠更斯[①]推进了崭新的理论，他和牛顿是同时代人。他在光的专著中写道：

> 如果光走过一定路径要花费时间——这一点是我们将要研究的——那紧接着就是：它作用在介质上的运动是连续的；结果是：它会像声音一样通过球体表面和波传播。我之所以叫它波，是因为它和石头落入水中形成的水波很像，都以环形连续传播，尽管和水波的成因完全不同，也只发生在平面上。

根据惠更斯的说法，光是波，是能量，而非物质的转移。我们

---

① 克里斯蒂安·惠更斯（Christian Huygens，1629—1695），荷兰数学家、物理学家及天文学家。

曾见证了光的微粒说解释了许多观察到的现象。波动说是否也能做到这一点？我们必须再次提出微粒说已经回答过的问题，来看看波动说能否同样胜任。我们将采用N和H对话的形式，N是牛顿微粒说的拥趸者，H则支持惠更斯的理论。二者都不能使用在两位伟人之后才发展出的观点。

N：在光的微粒说中，光的速度有非常清晰的定义。这是微粒通过真空的速度。它在波动说中意味着什么？

H：毫无疑问，它意味着光波的速度。每个人都知道波以一定的速度传播，光波也是如此。

N：事实并不像看起来那么简单。声波在空气、海浪和水中传播，每一道波必定拥有传播的物质介质。但是光能穿过真空，声音却是不能的。假设真空中的波，实际上意味着假设根本没有任何波。

H：没错，这是一个难点，尽管对我来说是老生常谈了。我的导师非常深入地思考过这个问题，并确信唯一的出路是假设存在假想物质以太，这是一种渗透进整个宇宙的透明物质。可以说宇宙浸在了以太之中。一旦我们有勇气引入这个概念，所有事情就都变得清晰、有说服力了。

N：但我反对这样的假设。首先，它引入了新的假设物质，我们已经有太多物质在物理学里了。还有一个反对的理由。无疑，你相信我们必须用力学的方法解释所有事情。那以太怎么解释？你有办法回答简单的问题吗，基本粒子是如何构成以太的？它如何在其他现象中显示自身？

H：你的第一个反对确实很合理。但是，通过引入这种人造无重量的以太，我们立刻就能摆脱其他更多的人造光微粒。我们只有一种“神秘”的物质而不是无穷无尽的物质来对应光谱中浩瀚的色彩数量。你不觉得这是真正的进步吗？至少所有的难题都集中在一个点上了。我们不再用不同颜色的粒子会以相同的速率通过真空环境的人为假设了。你的第二个观点也是对的。我们无法给予以太力学的解释。但是毫无疑问，未来的光学或是其他现象的研究，能够揭示它的结构。目前，我们必须等待新的实验和结论，但最终，我希望我们可以厘清以太的力学结构这个问题。

N：请允许我暂时偏离这个问题，因为现在无法有定论。我很想知道，如果我们解决了刚刚说的难题，你的理论又如何解释那些在微粒说中显而易见、明白易懂的光现象呢？就拿光线在真空或空气中沿直线运动的事实为例吧。在蜡烛前放置的一张纸会在墙上产生直观可见、轮廓清晰的阴影。如果光的波动说是正确的，就不可能产生清晰的阴影，因为波会在纸的边缘弯折，从而模糊阴影。船可不是海浪的障碍物，你知道的，它们只会绕过它但不会产生阴影。

H：这个观点并不令人信服。河中的短波撞击到了船的边缘，在船一侧产生的波在另一侧是看不见的。如果波足够小，而船足够大，就会产生足够清晰的阴影。光看起来沿直线传播非常有可能是因为相比一般障碍物以及实验用的孔径来说，它的波长非常小。如果我们能够创造出足够小的障碍物，很有可能，就不会出现阴影了。我们有可能会再制造装置来证明光是否有弯曲的可能，但这会有很大的困难。然而，如果能够设计出这样的实验，它将在裁定光的波动说和微粒说上至关重要。

N：光的波动说也许会在以后带来新的事实，但我确实不知道有什么实验数据可以有力地证实它。在实验完全支持光能够弯曲之前，我没有看到任何不相信微粒说的理由，它看起来更简单，因此也比波动说更好。

到此为止，我们必须中止对话了，尽管这个话题还远未穷尽。

光的波动说依然要说明如何解释光的折射和颜色的丰富。众所周知，微粒说能够解释这些。我们可以从折射开始，但先考虑一个和光学无关的例子，这会很有用的。

有一个巨大的开放空间，里面走着两个人，他们之间有一根坚实的棍子。开始的时候，他们直直地往前走，速度相同。只要他们的速度保持一致，无论多大，这根棍子就会保持平行位移，也就是不会偏离或改变方向，棍子所有连续的位置都互相平行。但现在，假设，在极短的时间里，比如十分之一秒，这两个人的运动不一致了。那会发生什么呢？显然，在这一瞬间，棍子会偏离，它将不再平行于初始位置。等恢复到相同的速度时，它会处于和先前不同的位置。这一点在图2-17显示得很直观。方向改变发生在两个步行者速度不一致的时间段里。

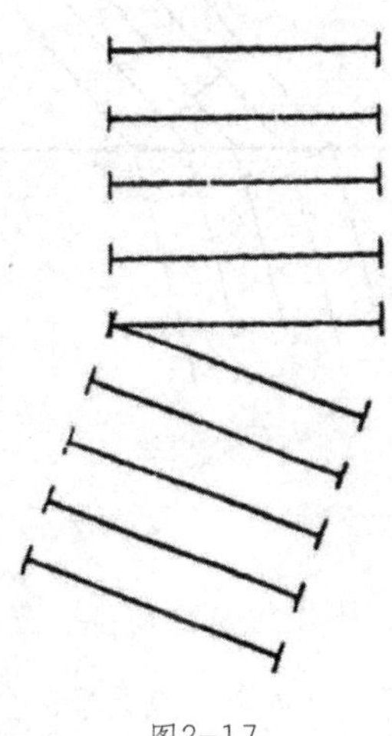

图2-17

这个例子让我们可以理解波的折射——以太中的平面波撞击一块玻璃。在图2-18中，我们看到的波，在前行时呈现出相对明显的宽面。波前是一个平面，在任何时刻，所有以太都以完全一样的方式运作。因为速度取决于光通过的介质，所以光通过玻璃和通过真空的速度是不一样的。在极短时间里，波前进入玻璃，波前的不同位置会有不同的速度。很显然，抵达玻璃的部分会以光在玻璃中的速度运行，而其他部分仍然以在以太中的速度运行。由于“浸在”玻璃的波前各部分有不同的速度，波本身的方向也会改变（见图2-18）。

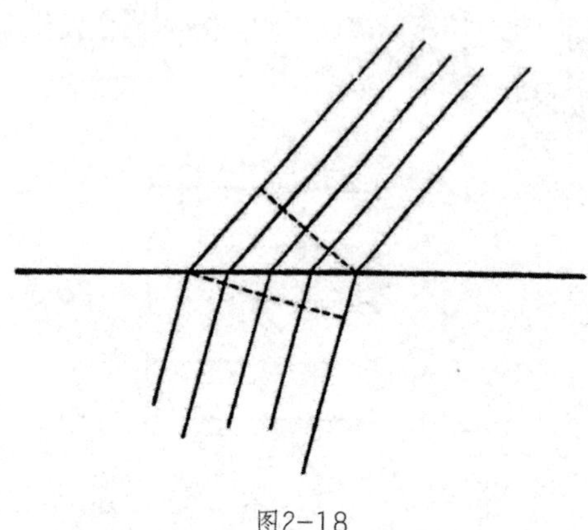

图2-18

因此，我们发现，不仅仅是微粒说，光的波动说也能解释折射。假如再进一步思考，并佐以一点数学，会显示出波动说的解释更简单、更好，而且它的结论和观测到的现象完美契合。实际上，只要知道光束在通过时是如何折射的，定量的推论方法就能让我们推导出光在折射介质中的速度。直接检验极好地证实了这些猜想，从而也证实了光的波动说。

还有一个色彩的问题。一定要记住，波由两个数字来决定特质——速度和波长。光的波动说的核心猜想是，**不同的波长对应不同的颜色**。黄色单色光的波长与红色或紫色的不一样。相较于人为区分属于不同颜色的微粒，波长本身有差异。

紧随其后的是，可以用两种方法解释牛顿的光的色散实验，一种是微粒说，一种是波动说。比如：

微粒解释	波解释
属于不同颜色的微粒在真空中有相同的速度，但是在玻璃中的速度不同	不同波长的射线属于不同的颜色，它们在以太中有相同的速度，但在玻璃中速度不同
白光是不同颜色微粒的混合，但是在光谱中这些微粒是分开的	白光是所有波长混合的波，然而在光谱中这些波是分开的

表2-2

明智的做法是在同种现象的两个迥异理论中避免歧义，而通过仔细考量两者的优缺点来决定更喜欢哪一个。N和H的对话说明，这可不是简单的任务。这种程度的决定更像是喜好问题而非科学论证。在牛顿的时代以及其后一百多年里，大多数物理学家更青睐微粒说。

历史自有判决，对光的波动说和微粒说喜好的分庭抗礼发生在更晚的时候，也就是19世纪中期。在和H的对话中，N陈述到，两个理论的评判主要取决于实验是否可行。微粒说确实不允许光弯折，也要求存在清晰的阴影。另一方面，根据光的波动说，一个足够小的障碍物会使阴影无法产生。杨①和菲涅尔②，用实验的方法证

① 托马斯·杨（Thomas Young，1773—1829），英国医生、物理学家，光的波动说的奠基人之一。

② 奥古斯汀-让·菲涅尔（Augustin-Jean Fresnel，1788—1827），法国土木工程师兼物理学家。

实了这个结论，理论上的争论尘埃落定。

有一个极为简单的实验已被讨论过，一块有孔的屏幕放置在一个点光源前面，墙上会出现阴影。我们可以进一步简化这个实验，假设这个光源产生的是单色光。为了得到最好的结果，这个光源应该是很强的。想象屏幕上的孔越来越小。如果我们用的是强光，也成功制造出足够小的孔，就会出现出人意料的新现象，从微粒说来看完全无法解释的东西：光明和黑暗之间不再有清晰的区别。光渐渐隐入黑暗的背景，呈现出一系列明亮和黑暗的环。环的出现是光的波动说的典型特质。在步骤稍有不同的实验中，明暗区块交替的解释会很清晰。假设我们有一张黑色的纸，上面有两个光可以透过的针孔。如果两个针孔十分接近而且十分细小，单色光的光源又足够强，墙上就会出现很多明亮带与黑暗带，它们会在边缘渐渐隐入黑暗的背景。解释起来很简单。黑暗带是从一个针孔穿出的波谷遇到了另一个针孔的波峰，因此二者抵消。明亮带则是不同针孔的两个波谷或者两个波峰的汇集，并互相强化（见图2-20）。这个假设在上一个实验的黑暗和明亮环中会更复杂，因为我们用的屏幕只有一个孔，但原理是一样的。要牢牢记在脑中，两孔例子中出现的黑暗和明亮带，与单孔实验中出现的黑暗和明亮环，因为稍后我们会回来讨论这二者的区别。这里描述的实验显示了光的衍射，即从光波的角度看小孔或障碍物时，光偏离了直线传播。

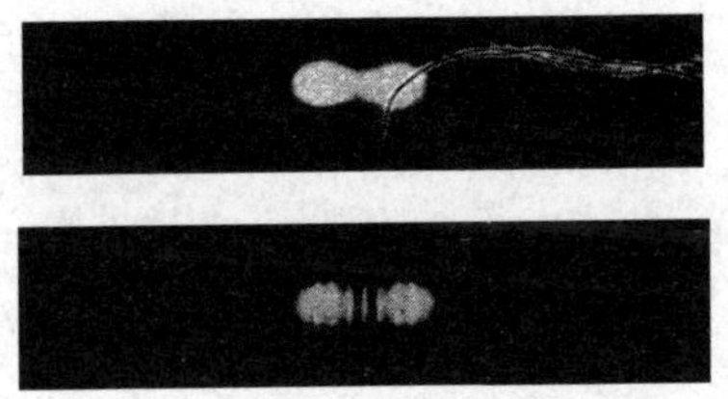

摄影：V. Arkadiev

我们看到的上面的照片是两束光先后穿过两个针孔时的光点（一个针孔是打开的，另一个针孔先是盖上后来才打开）。在下面的照片中我们看到的条纹，是光同时通过两个针孔时产生的。

图2-19

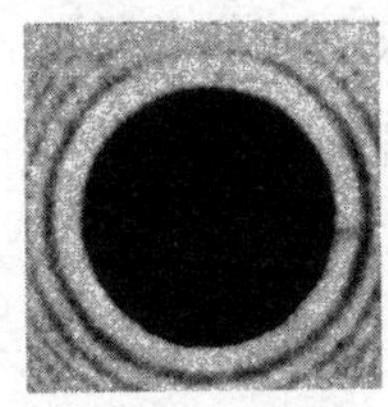

光在小型障碍物边缘弯折的衍射

摄影：V.Arkadiev

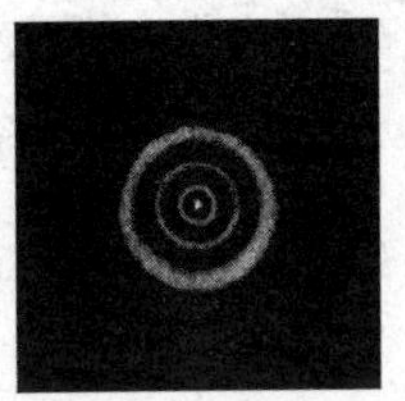

光通过小孔的衍射

图2-20

借助少许数学帮助，我们可以更进一步，可以求出产生衍射现象时必须具备的波长大小。因此，已述实验确保我们可以测量作为光源的单色光的波长。为了了解这个数字有多小，我们得引用两个波长，它们代表了太阳光谱的两个极点，也就是红色和紫色。

红光的波长是0.00008cm。

紫光的波长是0.00004cm。

我们无须惊奇这两个数字如此之小。能在自然中观测到明显阴影的现象，也就是光的直线传播，只是因为所有常见的孔径和障碍物相比光的波长来说都大得多。只有应用非常小的障碍物和孔径，光才会显示出自己波的性质。

但是对光理论探索的故事并未结束。19世纪的结论并非盖棺定论。对于当代物理学家来说，微粒说和波动说下的所有问题依然存在，这一次则是以更加深刻和复杂的形式出现。直到发现波动说胜利的可疑之处前，我们暂时接受光微粒说的失败吧。

纵波还是横波

我们考虑过的所有光学现象都支持光的波动说。光围绕小型障碍物的弯折和折射的解释是最有力的证明。在机械观的引导下，我们发现还有一个问题亟待解决：以太力学特性的确定。解决这个问题的关键在于，要知道以太中的光波是纵向传播还是横向传播。换句话说：光是像声音一样传播吗？波的变化是否取决于介质的密度，并导致粒子在传播的方向上振动？还是说，以太类似有弹力的胶状物，在这个介质里只会形成横波，而粒子的运动方向垂直于波的运动方向？

在解决问题之前，我们先试着判断哪个答案更好。很显然，如果光波是纵向的，我们会很幸运。在这个情况下，设计以太力学结构会更简单。我们设想的以太也许会非常接近经典力学中的气体，这能解释声音的传播。更复杂的是建立带横波的以太。要把胶状物想象成介质，它的组成以横波传播，这并不是容易的事。惠更斯相信，以太将被证明更像是“空气状”而非“胶质状”。但是，自然毫不在乎我们的局限性。在这个情形下，自然会对物理学家以机械观理解万物的企图报以仁慈吗？要回答这个问题，我们必须讨论一些新的实验。

在众多能够提供答案的实验中，我们只需要细致思考其中一个就好了。假设，有一片非常薄的电气石水晶片，它以特定的方式切割出来。我们有必要说明一下这个方式：这个水晶片必须薄到可以穿透它看到光源。但现在，拿来两个这样的薄片，都放在双眼和光之间。在预期中我们会看见什么？还是一个光点，只要水晶片足够薄（见图2-21）。实验将能证实我们的预测的机会非常大。不要担心没有实现的情况，假设我们确实通过这两片水晶看到了光点。现在，缓慢转动其中一片水晶，来改变它的位置。这个描述只有在一种情况下成立：转动的轴是固定的。这根轴就是射入光线的路径。这意味着，我们改变了这个水晶上所有点的位置，除了与轴重合的那个点。奇怪的事情发生了！光变得越来越弱直至完全消失。继续转动，光再次出现，等到回到我们看到最初的画面，水晶也回到了最初的位置。

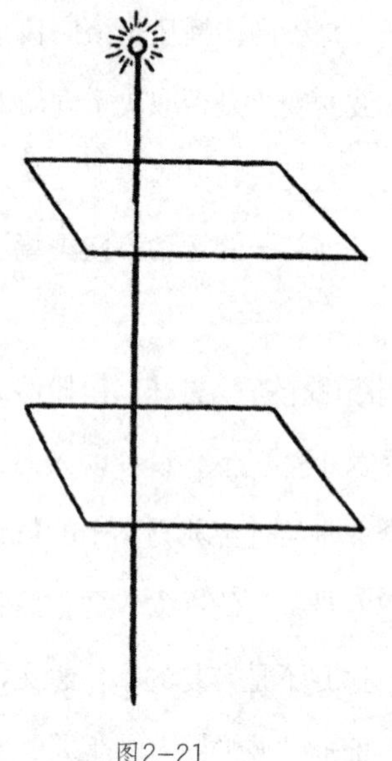
图2-21

不用再通过类似的实验我们也能提出以下问题：能否用光波是纵向的来解释这个现象？在纵波中，以太粒子会像光束一样沿着轴运动。如果水晶转动了，轴不变，轴上的点不会动，附近只有极微小的移位。像新情形里消失、重现如此明显的变化，是不会在纵波中发生的。能解释这一现象以及其他许多类似现象的猜测只能是，光波是横向而非纵向的！或者说，必须假设以太的特性是“胶质状”。

真遗憾！我们必须准备好面对巨大的难关，尝试用力学的方式描述以太。

以太和机械观

若要讨论所有试图理解以太作为光传播介质的自然属性所做出的努力，这个故事可就长了。正如我们所知，讨论力学结构意味着这个物质是由粒子构成的，力作用在连接粒子的直线上，而且力的大小只取决于距离。要把以太构建成胶质状的力学物质，物理学家不得不制造出高度巧妙但不自然的假设。我们无须在此引用它们，它们都属于几乎被遗忘的过去。但结果很显著，也很重要。此类假设的人为性质，以及众多假设都彼此独立，都足以摧毁机械观的信念。

但相比于构建以太力学结构的难度而言，还有其他更简单的对以太的驳斥理由。必须假设以太是无处不在的，只要我们希望能以机械观解释光学现象，如果光只在一种介质中运动，那就不存在真空。

然而，我们从经典力学中得知，星际空间不存在阻碍物质运动的阻力。譬如说行星，在以太胶状物之间穿梭，不会遇到任何阻碍，像是物质介质对其运动的作用一样。如果以太不会妨碍运动中的物质，那在以太粒子和物质粒子之间就没有相互作用了。光可以通过以太，就也能通过玻璃和水，但它的速度在后两种物质中会改变。这个现象如何用机械观解释呢？显然，只能假设以太粒子和物质粒子之间有相互作用。我们刚刚才看到，在自由运动物体中，必须假设这种相互作用是不存在的。换句话说，在光学现象中，以太和物质之间存在相互作用，但是在经典力学现象中并不存在！真是有够自相矛盾的！

看来，要摆脱所有难题只有一个方法了。直到20世纪，贯穿科学发展的、在以机械观理解自然现象的尝试中都必须引入人造的概念物质，比如电流体和磁流体、光微粒，还有以太。结果仅仅是将所有的难题汇集到少数关键点上，比如光学现象中的以太。简单构建以太的努力颗粒无收，而其他异议则似乎表明失败有可能蕴含在以机械观解释自然的一切基础假设之中。科学并没有通过机械观实现令人信服的成功发展，而今日，没有科学家相信它有可能实现。

在简短回顾主要物理思想后，我们遇到了一些尚未解决的问题，也遇到了难题和阻碍，它们阻碍了对外部世界构建统一、连续认识的努力。经典力学中被忽略的一个线索，即重力质量和惯性质量相等，还有电流体和磁流体的人造属性，在电流和磁针的相互作用之间，存在尚未解决的难题。人们将回忆起，力并没有作用在连接金属线和磁针的直线上，而其大小取决于电荷的移动速度，描述其方向和磁力大小的定律极为复杂。最后，还有关于以太的巨大难题。

当代物理学家曾攻击了上述所有问题并一一解决。但是，在挣扎寻求出路的途中，新的、更深的问题出现了。我们的知识比19世纪的物理学家更丰富、更深刻，而抱有的困惑和难题也一样丰富、深刻。

总结：

在旧的电流体理论、光的微粒说和波动说中，我们见证了进一步应用机械观的企图。但是在电和光学现象领域中，我们遇到了应用上的巨大难题。

磁针受制于移动电荷。但是磁力，并非仅仅取决于距离，还有电荷移动的速度。这个力并非排斥也非吸引，而是垂直地作用于连接磁针和电荷的直线。

在光学中，我们决定更倾向于光的波动说而非光的微粒说。波在由粒子组成的介质中传播，粒子之间有力的作用，这的的确确是一个力学概念。但是哪一种光会在什么介质中传播，介质的力学特质又是什么？除非回答了这个问题，否则就不可能将光学现象简化成经典力学现象。但是解决这个问题的难度太大了，以至于我们不得不放弃回答，从而放弃了机械观。

第三部分

场，相对论

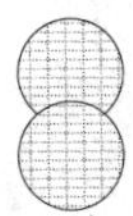

场作为表征－场论的两个支柱－场的实在性－场和以太－经典力学的框架－以太与运动－时间、距离、相对论－相对论与经典力学－时空连续体－广义相对论－电梯内外－几何与经验－广义相对论及其验证－场和实物

场作为表征

在19世纪下半叶，物理学引入了与机械观大为不同的、新的、革命性理念，它们开启了通往新哲学观的路径。法拉第、麦克斯韦[①]和赫兹[②]的成就引导了当代物理学的发展，创造了新概念以构建新的现实图景。

我们现在的任务是通过这些新的概念描述科学上的突破，说明它们是如何逐步变得明晰、强大。我们得试着有逻辑地重构过程脉络，而不是过分拘泥于编年顺序。

新概念的发源与电学现象有关，但用经典力学解释起来更简单，这还是第一次。我们知道，两个粒子互相吸引之后，吸引力与距离的平方成反比。我们可以也应该这么用新的方法来表示这个事实，尽管要理解这样做的好处并不容易。图3-1的小圆圈代表产生引力的物体，比如说，太阳。

① 詹姆斯·克拉克·麦克斯韦（James Clerk Maxwell，1831—1879），英国物理学家、数学家。

② 海因里希·鲁道夫·赫兹（Heinrich Rudolf Hertz，1857—1894），德国物理学家，证实了电磁波的存在。

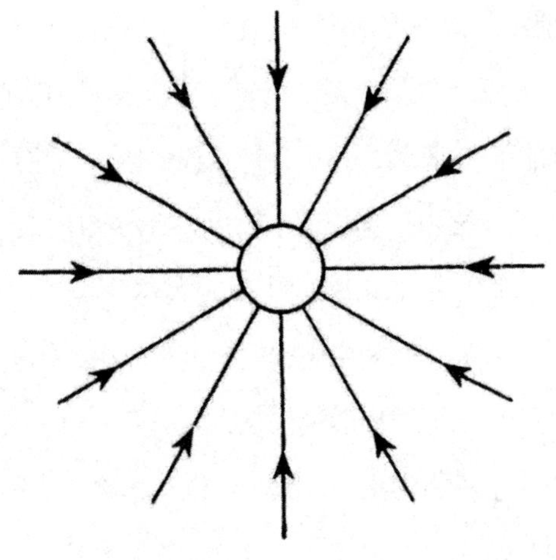

图3-1

事实上，这张图可以想象成是空间里的一个模型，而不是平面上的一张画。那这个小圆圈就代表空间里的球体，比如太阳。一个实体，也就是所谓的测试体，放在太阳周边的某个位置，它就会沿着连接二者中心的直线被太阳吸引。因此，图中的线表示的是测试体在不同位置时被太阳吸引的方向。每条线上的箭头表示力的方向直指太阳，这意味着力是吸引力，这些是引力场的力线。就此刻而言，这只是一个名称，也没有必要深究。图中另一个特征会在稍后强调。空间中构造出的力线在实际中是不存在的。在此，所有的力线，或者简单讲——场，只是为了说明如果把测试体放在构成场的球体周围时它会如何运动。

空间模型中的线总是和球体表面垂直。因此，它们从一个点分散出去，越靠近球体越密集，距离越远，密集程度越小。如果我们把距球体的距离拉长到2～3倍，那么线的密度，在我们的空间模型中，尽管不是在画中，也会缩小为1/4～1/9。所以，线有双重作用。一方面，它们显示了球状太阳和放置在其附近的物体之间作用力的方向；另一方面，空间中力线的密度显示了，力的大小如何随着距离变化而变化。更准确的说法是，场的图示说明了引力作用的方向和取决于距离的引力大小。人们可以从这样一张图中读懂引力定律，其效果与从文字表述或者是精确、简要的数学语言中读懂引力定律一样。这种场的图示，虽然我们这样称呼它并认为其显得清晰有趣，但没有理由认为它标志着任何真正的用处。要证明它在引力例子中真的有用会非常难。有人也许会发现，将这些线看成图画以外的东西会很有帮助，能想象真实的力通过它们产生作用。也可以这么想象，但必须假设沿线作用的力的效率非常之大！两个物体之间的力，根据牛顿的定律，只取决于距离，时间没有进入考虑范围。力必须瞬间从一个物体作用到另一个物体！但是，正如任何理智的人都认为不存在无限速度的运动一样，让这个图示有比仅仅作为模型更多的用途其实也没什么意义。

然而，我们并没有打算马上讨论引力问题。这只是个引子，对电学理论中类似的推论方法进行了简单的解释。

我们得从讨论一个实验开始，这个实验在经典力学解释中创造了巨大的难题。假如有一股电流流经环形电路，在电路中央是一根磁针。电流开始流动的时刻，出现了新的力，它作用在磁极上，并且垂直于连接电线和磁极的直线。这个力，如果是由环形电荷产生的，那么根据罗兰的实验，它的大小取决于电荷的速度。然而实验结果却和哲学观相悖，哲学观认为所有力必须作用在连接质点的直线上，而且大小只取决于距离。

要准确表述电流作用在磁极的力上非常复杂，实际上，远远超过表述万有引力的难度。不过，我们可以试着图像化这个现象，正如在万有引力中做的那样。我们的问题是：电流作用在磁极上的是什么力？又是位于其附近的哪个位置？用语言说明这个力太难了，就算是数学公式也会很烦琐。最好用图来表示我们所知道的关于这个作用力的一切，或者用带有力线的空间模型来表示。但磁极只有在和其他磁极连接形成磁偶极子时才会存在，这个事实会带来一些困难。但是，我们可以想象磁针具有某种长度，从而只需要考虑作用在更靠近电流的磁极上的力。另一个磁极距离作用力过于遥远，可以忽略不计。为了避免歧义，我们可以说，更靠近电线的磁极是正极。

作用在正极上的力的特征可以用图3-2表示。

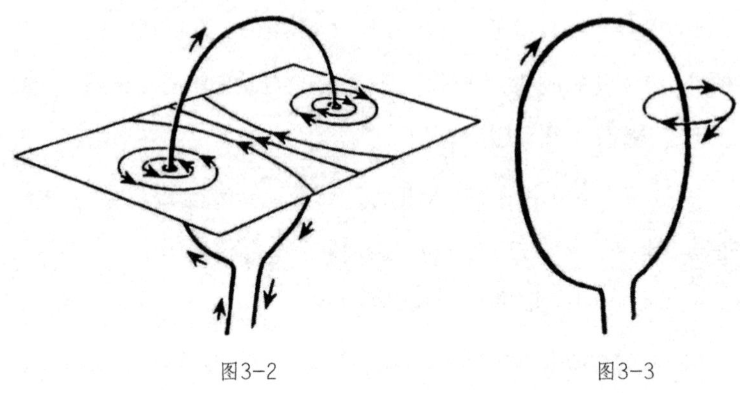

图3-2　　　　图3-3

我们首先注意到的是，靠近电线的箭头代表了电流的方向，是从电势高处流向低处。其他所有线都只是电流的力线，而且处于同一个确定的平面上。如果绘制精确的话，它们能说明力的矢量的方向和大小，矢量表示的则是电流对给定正磁极作用的力。正如我们所知，力是矢量，要确定它，我们必须知道它的方向和大小。我们主要考虑力作用在磁极上的方向。问题是：我们如何能从这张图上找到空间任意位置上的力的方向呢?

从这样一个模型里看出力的方向的法则并不像前面那样简单，之前的力线都是直线。为了使过程明晰，图3-3只画出了一条力线。

力的矢量位于力线的切线上，如图3-3所示。力的矢量的箭头和力线的箭头指向相同的方向。因此，这个方向就是此刻力作用在磁极上的方向。好的图示，或者说好的模型，也能多少告知任意一处力的矢量的长度。如果所处的位置线更密集，也就是靠近电线，这个矢量必须更长；在线更疏松的地方，即远离电线处更短。

由此，力线，或者说场，就能让我们确定作用在空间任意位置磁极上的力。这只是暂时的说法，为的是精心构建场。知道场表示的意义之后，我们就该更深入地研究与电流相对应的力线了。这些线是围绕电线的圆圈，而且所处的平面垂直于电线所在的平面。我们再一次从图示读出这个力的特质：力作用的方向垂直于任何连接电线和磁极的线，因为圆的切线总是垂直于它的半径。我们关于作用力的所有知识，可以总结在场的概念里。我们把场的概念引入电流和磁极的概念之中，从而用简单的方法表示了作用力。

每一个电流都和一个磁场相联系，即，放置在通过电流的电线附近的磁极总是受到力的作用。通过强调这一点，我们可以由这个特性制造一个灵敏的装置，用于侦测电流的存在。一旦学会了如何从电流的场模型读出磁力的特质，我们就总能画出围绕通电电线的场，以表示在空间任意处的磁力作用。第一个例子就是所谓的螺线管。它实际上就是图3-4中的电线圈。我们的目的是要通过实验，学习和磁场有关的一切——这个磁场与穿过螺线管的电流有关——并把知识应用在场的构建中。图3-4就是我们要的结果。弯曲的力线是封闭的，并且环绕电磁，这就表现出了电流磁场的特质。

磁棒的场可以用同样的方式来表示，如图3-5所示。力线从正极指向负极。力的矢量总是位于力线的切线方向上，而且在靠近极点处最长，因为线的密度在这些点处是最大的。力的矢量代表磁铁在正磁极上的作用。在这个例子里，磁极而非电流是场的“来源”。

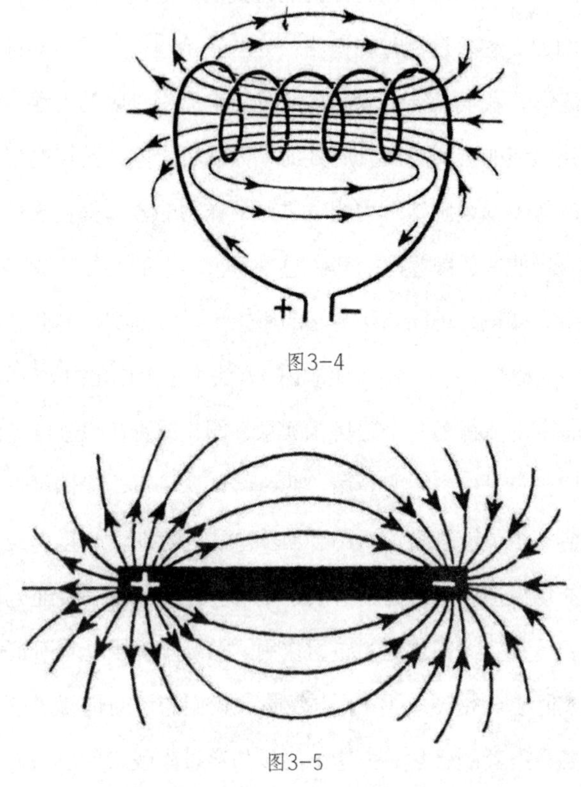

图3-4

图3-5

图3-4和图3-5需要好好对比。第一张图是电流流过螺线管的磁场，第二张则是磁棒的场。让我们忽视螺线管和磁棒，只观察这两个外部场，一下子就能看出它们的特质其实是一模一样的：每个例

子中的力线都是从螺线管或磁棒的一端指向另一端。

场表征揭示了它的第一个成果！不用构建场的方法，要发现通电的螺线管和磁棒之间这么强的相似性会难得多。

场概念现在可以接受更严格的检验了。我们很快就会知道，这是否只是作用力的新表达方式。我们可以推论：假设在某一时刻，可以产生用场来描述的作用力的来源是由一种独特的方式所决定。这只是一个假设。它也许意味着，如果螺线管和磁棒有相同的场，那么它们产生的影响也是一样的。这也有可能意味着，两个通电的螺线管会像两根磁棒一样作用，它们会互相吸引、排斥，在磁棒中，这个动作取决于二者的相对位置。这也意味着，一个通电螺线管和一根磁棒互相吸引或排斥的方式和两根磁棒是一样的。简而言之，这也许意味着电流通过的电磁上的所有作用，与磁棒上完全一样，因为只有场能起到这些作用，而两个例子中的场的性质一样。实验完全证实了我们的猜想！

如果没有场的概念，要发现这些事实得多难啊！表述作用在电线上的力，电线里还流过电流，再加上磁极，这太复杂了。在两个螺线管的例子中，我们必须得观察两股电流互相叠加的力。但如果我们一旦看见了螺线管场和磁棒场的相似之处，借助于场的帮助，马上就能发现所有作用力的性质。

我们有理由认为场的概念比表面看起来更丰富。描述现象的关键仅仅取决于场的特质，与场来源的差异无关。场概念的重要性就在于它能引出新的实验事实。

场也被确证是非常有用的概念。起初，它只是源和磁针之间的某处位置，用于说明作用力。并把它看成电流的“中介”，只有通过它，电流的所有行为才能发生。但现在，中介也成了“翻译器”，可以用简单、清晰的语言把法则翻译出来，易于理解。

场描述的第一个成功说明，如果把场作为翻译器直接考虑所有的作用，包括电流、磁和电荷，那也许会很容易。或者可以把场看成某种和电流始终有联系的东西。它始终存在，就算没有磁极可以证明它是否真的存在。让我们一步步来探索这个新线索。

充电导体的场可以以近似引力场的方式引入，电流场或磁场也可以。再一次，只用最简单的例子！要设计一个带正电荷球体的场（如图3-6），我们必须要问，是什么力正作用在小小的带正电荷的测试体上？这个测试体就放在场的源头——也就是带电荷球体的附近。

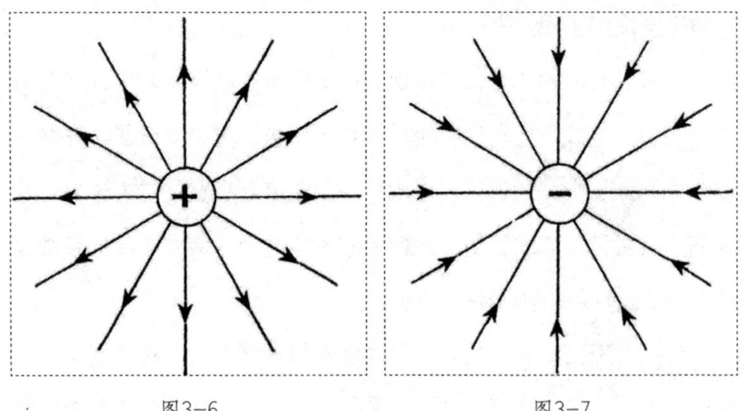

图3-6　　图3-7

使用带正电荷而非负电荷球体只是出于方便，用于说明方向也就是力线的箭头该怎么画。这个模型和引力场模型是类似的，因为库仑定律和牛顿定律有相似之处。两个模型唯一的区别在于，箭头指向相反的方向。事实上，在两个正电荷之间有排斥，而在两个质点之间是吸引。但是，带负电荷球体的场和引力场会是完全一致的，因为这个带正电荷的测试体会被场的来源所吸引。（如图3–7）

如果电极和磁极都处于静止状态，那二者之间就不存在无论是吸引还是排斥的任何作用。用场的语言表述同样的事实，我们可以说：静电场对静磁场不起作用，反过来也一样。“静力场”这个词指的是任何时候都不会变化的场。磁和电荷靠近时，只要没有外力干扰，可以永远静止。静电场、静磁场和引力场都有不同的属性，它们不能混合，无论是否有其他场的存在，每一种都保持自身的独特性。

让我们回到带电球体上来，目前为止，它还是静止的。假设，由于外力作用，它开始移动。带电球体移动了，用场的语言来说，则是：电荷的场随时间变化了。但是，正如我们从罗兰实验中得知的，带电球体的运动和电流是一致的。更进一步，每个电流都伴有磁场。因此，观点的逻辑如下：

电荷的运动→电场的改变

↓

电流→伴随有磁场

我们可以得出结论：**电荷运动引起的电场变化总是伴随有磁场产生。**

我们的结论是基于奥斯特的实验，但内涵更广。它标识了电场和磁场随时间变化的联系，这个认可对更进一步的观点至关重要。

只要电荷是静止的，那就只有静电场。但是，只要电荷开始移动就会出现磁场。我们还可以发现更多：由电荷运动引起的磁场会变得更强，如果电荷更大、移动得更快。这也是罗兰实验的结果。再一次，用场语言可以如此表述：电场变化越快，伴随的磁场就越强。

我们试图将熟悉的现象，由建立在经典力学之上的电流体语言翻译成场的新语言。很快，我们就会看到新语言多么清晰、富有启迪而且意蕴深刻。

场论的两个支柱

“电场的变化伴随有磁场产生。”如果我们交换“磁”和“电”这两个字，就变成了：“磁场的变化伴随有电场产生。”只有一个实验可以验证这句话是否正确。但是，提出问题的思路来自场的语言。

在100多年前，法拉第进行了一项实验，产生了感应电流这个伟大的发现。

操作起来非常简单。我们只需要一个螺线管或者电路、一根磁棒，以及测量是否存在电流的装置，这种装置有很多种，随便哪一种都行。开始的时候，磁棒在螺线管附近保持静止，螺线管组成闭合电路（见图3-8）。没有电流通过电线，因为不存在电源。只有磁棒的静磁场，它是不会随时间改变的。现在，我们迅速改变磁棒端点的位置，让它远离或者靠近螺线管，随你喜欢。此时，会有电流产生，短暂出现之后就消失了。

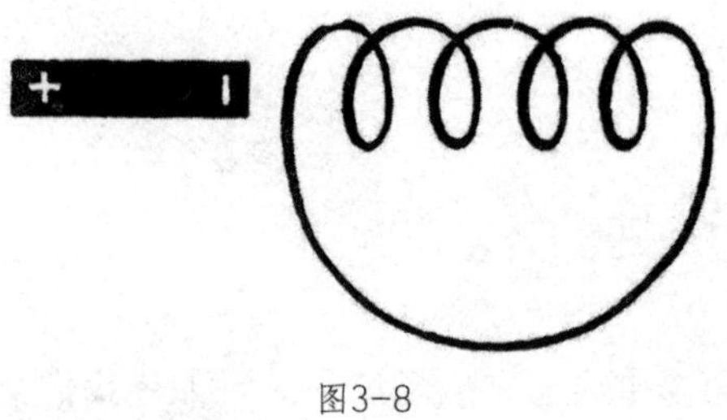

图3-8

无论磁棒的位置何时改变，电流都会重现，只要测量装置足够灵敏就都能侦测到。但是电流——从场理论的角度看——意味着存在电场，它迫使电子流经电线。电流，也就是电场，会在磁棒再次静止时消失。

想象在某个时刻，场的语言是未知的，但又必须描述这个实验的结果，就只能连篇累牍地使用旧的机械观语言。我们的实验会被描述成：通过磁偶极子的运动，产生了新的力，使得电线中的电荷流移动。下一个问题将是：这个力因为什么产生？这将难以回答。于是我们不得不探讨力的成因，它是取决于磁极的速度，还是磁力的大小，或是电路的形状？更进一步，这个实验，如果用旧语言表述，无法提供丝毫线索来说明感应电流是否会因为其他带电流电路的变化而变化，而不是出于磁棒的运动。

那真是大为不同，如果我们用的是场语言，就会对作用取决于场的原理深信不疑。我们立刻发现，通电螺线管所起的作用，和磁棒的一样。图3-9显示了两个螺线管：一个比较小，有电流流过；另一个比较大，能探测到感应电流。

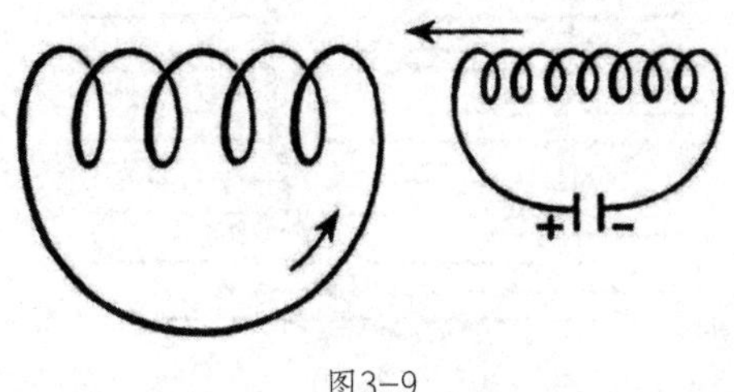

图3-9

我们可以移动小的螺线管，就像先前移动磁棒一样，在大的螺线管中创造感应电流。再者，除了移动小螺线管，我们还可以通过创造或切断电流来创造或消灭磁场，也就是打开或关闭电路。再一次，由实验证明了场理论提出的新事实！

我们再举一个更简单的例子。有一个闭合电路，没有任何电流来源。它附近的某个地方是一个磁场。磁场的来源是另一个通过电流的电路还是磁棒，这都无关紧要。图3-10显示的是闭合电路和磁力线。

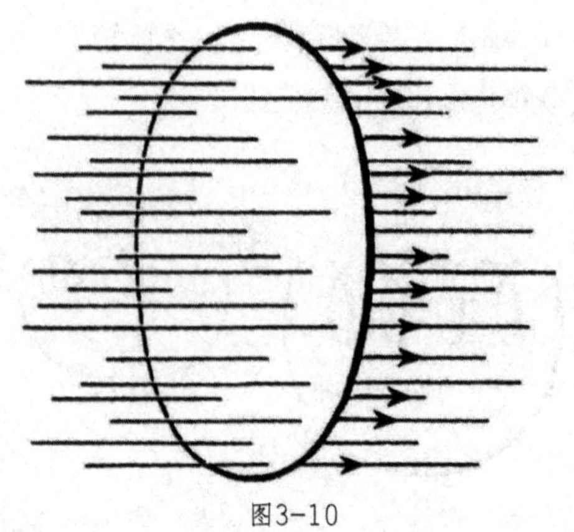

图3-10

用场语言可以非常简单地对感应电流现象进行定量和定性描述。如图3-10所示，有的磁力线穿过了电路圈出的平面。我们必须考虑力线，它们切割了平面的部分，而平面的边缘是电路。只要场没有变化就不存在电流，无论场有多强。但是，电流开始流经边缘的电路，与此同时，穿过电路环绕的表面的磁力线数量变了。电流取决于场的变化，而它也会导致穿过表面的线的数量的不同。这种磁力线数量的变化，是感应电流定性和定量分析中的一个关键概念。“线的数量改变了”意味着，线的密度变了，而我们记着，这表示场的强度改变了。

这些就是我们推论逻辑链的关键点：磁场的变化→感应电流→电荷运动→电场存在。

因此：**变化的磁场伴随着电场的产生。**

从而我们找到了两个重要的支柱，来支持电场和磁场的理论。第一个是电场变化与磁场之间的联系。它脱胎于奥斯特的磁针偏转实验，引出的结论是：**变化的电场伴随着磁场的产生**。

第二个则是变化的磁场和感应电流的联系，它来自法拉第的实验。这两个结论都组成了定量分析的基础。

再一次，电场伴随着变化磁场而出现，成了某种真实的东西。在不久之前，我们还不得不想象，没有测试磁极的电流中存在磁场。同样，我们也必须澄清，即便在没有检测是否有感应电流的情况下，依然存在电场。

事实上，依托于奥斯特的实验，两个支柱可以简化成一个支柱。法拉第的实验可以简化成能量守恒定律。我们使用两个支柱只是出于清晰和简洁的考虑。

还有一个描述场的结论需要提及。通电电路的电流来源是电池。电线和电源的联系忽然断开，那么，自然而然，就没有电流了！但是，在短暂的中断里，发生了复杂的现象，这个现象只有通过场论才能预见。电流中断之前，围绕电线产生了磁场。电流中断的时候，磁场消失。因此，穿过电线圈平面的磁力线数量迅速变化。但是如此迅速的变化，即便是被动产生的，也一定会创造出感应电流。真正重要的是，磁场的变化如果更大的话会让感应电流更强。这个结论是理论的另一个检测。电流的断流必然伴随着强烈、短暂的感应电流的出现。实验再一次证明了这个猜测。任何断过电流的人，都注意到有火花出现。火花就显示了由磁场的剧烈变化产生的强烈电势差。

同一个过程也可以用不同的角度解释，比如能量的角度。磁场消失，火花产生。火花代表能量，因此，磁场也一定代表着能量。为了从始至终都使用场的概念和语言，我们必须考虑到磁场作为能量的存储方式。只有这样，我们才能够按照能量守恒定律描述电和磁的现象。

从一个有用的模型开始，场变得越来越真实。它帮助我们理解了已有的现象，也带领我们发现了新的事实。从能量的归因到场的归因是一大进步，在此期间，场的概念越来越严谨，而物质的概念——虽然它对于机械观是如此的重要——却一步步被超越。

场的实在性

场理论的定量、数学描述归纳起来就是麦克斯韦方程组。迄今为止提到的现象都指向这些方程组的建立，但是它们的内容过于丰富，以至于我们无法一一说明。它们简单的形式下隐藏着深刻的内容，只有通过严格的实验才能揭示。

这些方程组的构建是牛顿时代之后物理学上最重大的事件，不仅仅因为它们内容丰富，还因为它们构成了新型定律的范式。

麦克斯韦方程组的特征，也出现在所有当代物理学的方程组中，可以用一句话来总结，即麦克斯韦方程组是代表场的**结构**的定律。

为什么麦克斯韦方程组和经典力学方程组在形式和特质上都不一样？为什么称这些方程组描述了场的结构？从奥斯特和法拉第的实验结果，我们有可能建立新型定律，从而对物理学未来的发展产生举足轻重的影响吗？

在奥斯特的实验中，我们已经见识过磁场如何环绕在变化中的电场周围。我们也从法拉第的实验中看到，电场是如何环绕在改变中的磁场周围的。为了勾勒出麦克斯韦理论的某些特质，让我们暂且先将注意力放在其中一个实验上，比如说法拉第的实验。我们再看一次这张图3-11，变化的磁场产生感应电流。

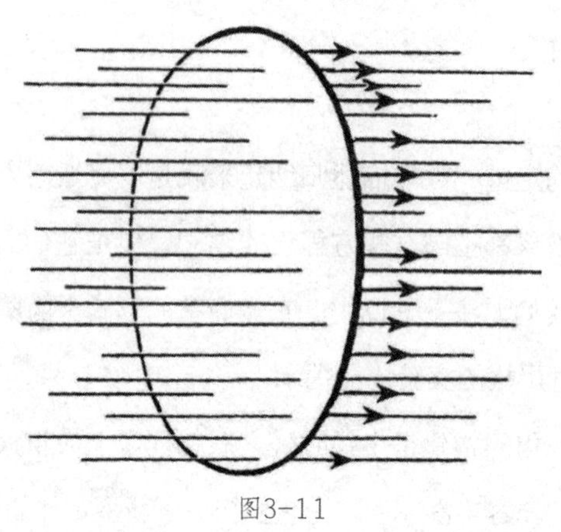

图3-11

我们已经知道，如果穿过电线圈出平面的磁力线数量改变了，就会出现感应电流，电流将会出现在磁场改变或者中断、移开时——只要穿过平面的磁力线数量有变化，无论这个变化是如何产生的。考虑所有这些不同的可能性，讨论它们特定的影响，必将引出非常复杂的理论。但我们能简化问题吗？试试除去无关紧要的细节考虑，也就是电路的形状、长度、组成的平面。想象上图中的电路越来越小，渐渐缩成一个非常小的电路，围绕着空间中的一个点。这时，任何与形状、大小有关的事物就无关紧要了。在这个限制过程中，闭合曲线收缩至一个点，大小和形状自动从考虑中消失，我们也获得了定律，有关磁场和电场在空间任意点任意时刻的变化。

这就是导向麦克斯韦方程组的关键步骤之一。它是又一个理想化实验，发生在想象中，通过收缩至一点的电路来重复法拉第的实验。

我们最好叫它半步而不是完整的一步。到此为止，我们主要关注法拉第的实验。但是场论的另一个支柱，是基于奥斯特的实验，也必须以同样的态度认真对待。在这个实验里，磁力线环绕在电流周围。把环形磁力线收缩至一个点，另一半步骤就完成了。整个步骤显示出了联系，有关磁场和电场在空间任意点和任意时刻的变化。

但还有一个必要的关键步骤。根据法拉第的实验，必须有电线检测电场的存在，就如奥斯特实验中，必须有磁极或者磁针检验磁场的存在。但是麦克斯韦新的理论想法超越了实验事实。电场和磁场，或者简单称为**电磁场**，在麦克斯韦的理论中是真实的东西。电场由变化的磁场产生，无论是否有电线检测电场的存在；磁场由变化的电场产生，无论是否有磁极来检测。

如此一来，两个关键的步骤就引出了麦克斯韦方程组。首先，在奥斯特和罗兰实验中，磁场的环线围绕着电流，磁场环线必须收缩至一个点；在法拉第实验中，电场的环线围绕着变化的磁场，电场环线必须收缩至一个点。其次，把场看作某种真实事物的再现；电磁场一旦创建，就会按照麦克斯韦定律存在、运行和改变。

麦克斯韦方程组描述了电磁场的结构。这个定律描述的对象适用于所有空间，而不像经典力学定律中的点只存在于物质或电荷上。

我们还记得经典力学中的情形：知道质点在某一时刻的位置和速度后，就可以预见质点未来完整的轨迹。在麦克斯韦的理论里，如果我们只知道某一时刻下的场，可以从理论的方程组中推导出整个场会在空间和时间中如何变化。麦克斯韦方程组让我们能够追寻场的历史，正如经典力学方程组让我们追寻物质质点的历史一样。

但是，在经典力学定律和麦克斯韦定律中仍有一个关键区别。比较牛顿的万有引力定律和麦克斯韦的场定律，将强化这些方程组传达出的某些特性。

在牛顿定律的帮助下，我们可以从作用在太阳和地球之间的力中推导出地球的运动。定律连接的是地球的运动和千里之外太阳的运动。地球和太阳，尽管相隔甚远，但都是力这出戏中的角色。

在麦克斯韦的理论中，不存在物质角色。理论的数学方程组表达了统治电磁场的定律。它们确实不会像牛顿定律那样，连接两个远远隔开的事件；它们也确实不会联系这里发生的事情与那里的情形。此时此刻的场取决于瞬时周围和刚刚过去的时间。方程组允许我们预测空间上稍远的地方和时间上稍晚的时刻将会发生什么，只要我们知道此时此刻发生了什么。它们允许我们，一点点增加场的知识。我们可以从不远处发生的事情推论出这里将发生什么，通过汇聚这些细小的步骤。而在牛顿的理论中，截然相反，我们只能预测连接远距离事件的大步骤。奥斯特和法拉第的实验可以从麦克斯韦的理论中再次获得，但只能通过汇集微小的步骤，每一步都在麦克斯韦方程组的统治之下。

对麦克斯韦方程组更透彻的数学研究显示，可以得出全新且完全意想不到的结论，整个理论会服从于更高层次的检验，因为在这个阶段，理论结果是定量的，而且通过完整的逻辑推理链条揭示了出来。

让我们再一次想象理想化的实验。一个带电荷的小球被某种外部影响推动，以某种节奏剧烈振荡，好似摆锤。根据已有的场的变化的知识，我们该如何用场的语言描述将要发生的事情呢？

电荷的振荡产生了变化的电场，它总是伴随着变化的磁场。如果周围放置有组成环形电路的电线，那么，这个变化的磁场会再一次伴随有电路中的电流。这不过是对已知事实的重复，但是，麦克斯韦方程组的研究提供了更深入的见解，洞穿了振荡电荷的问题。通过对麦克斯韦方程组做数学上的简化，我们可以猜测出环绕振动电荷的场的特征、它距源头不同距离下的结构，以及不同时间下的变化。这种简化的结果是电磁波。从振动电荷辐射出的能量，以明确的速度穿过空间。但是能量的转移、状态的运动，是所有波现象的特征。

不同形式的波也已经研究过了。纵波由脉动球体产生，其密度的变化会通过介质传播。在胶状介质中传播的是横波，胶质的变形是由于球体的旋转，它会在介质间移动。在电磁波中传播的是哪一种变化呢？只有电磁场的变化！电场的每一个变化都会产生磁场；磁场的每一个变化又会产生电场；每一个变化……不断循环。既然场代表了能量，那在所有空间中以明确的速度传播的变化就会形成波。正如从理论推导出的那样，电和磁的力线，都处在垂直于传播方向的平面上。因此，产生的波是横向的。我们从奥斯特和法拉第实验形成的、关于场最原初的画面依然成立，但是，我们现在对它有了更深的理解。

电磁波在真空中传播。这再一次，是理论得出的结论。假设，振荡电荷忽然停止移动，那么这个场会变成静电场。但是振动产生的一系列波还会继续传播。波是独立的存在，它们的变化轨迹就和其他任何物质一样也可以被追寻。

我们明白，电磁波会以确定的速度在空间中传播，并且随着时间变化，这符合麦克斯韦方程组，只是因为方程组描述了电磁场在空间任意点、任意时刻的结构。

还有一个非常重要的问题。电磁波在真空中传播的速度是多少？理论提供了明确的答案，数据支撑则是来自与实际波传播无关的简单实验：**电磁波的速度等同于光的速度**。

奥斯特和法拉第的实验成为麦克斯韦定律建立的基础。至今为止，我们所有的结果都是从对这些定律的谨慎研究中得到的，都用场的语言表述。电磁波以光速传播，这一理论发现是科学史上最伟大的成就之一。

实验证实了理论的预测。50年前，赫兹首次证明了电磁波的存在，也用实验证实了它的速度等于光速。如今，成百上千的人们都已经证明电磁波能被发送也能被接收。他们的装置远比赫兹用的复杂得多，而且能侦察到方圆数千英里内是否存在电磁波，而非仅仅是几码[①]内。

① 1码≈0.9144米。——编者注

场和以太

电磁波是横波，而且以光速在真空中传播。光和电磁波速度相等的事实说明，在光学现象和电磁现象之间有着密切的关系。

当不得不在光的微粒说和波动说之间择其一时，我们选择了波动说。光的衍射是影响我们决定的最强论据。但我们也不应该反对对光学事实的其他解释，不能只承认**光波是一种电磁波**。实际上，还能得出其他结论。如果事实真的如此，那么物质的光学特性和电学特性间必定存在某种联系，且能从理论中推导出来。这种结论的真实性也确实能够经由实验得到检验，而且是选择光的电磁波理论的关键所在。

这一伟大的结论应归功于场理论。两个显然无关的科学分支包含在了同一个理论中。还是麦克斯韦方程组描述了电磁感应现象和光学折射现象。如果我们的目的就是借助某种理论描述任何发生过或可能发生的事，那么，光学和电学的统一毫无疑问就是一个巨大的飞跃。从物理学的角度看，一般的电磁波和光波的唯一区别在于波长：光波的波长非常小，用肉眼就能观察到；而一般电磁波波长巨大需用无线电接收器才能侦察到。

机械观试图把所有自然现象简化成作用在物质质点之间的力，

建立在机械观上的是极其朴素的电流理论。对于物理学家来说，场在19世纪早期是不存在的。于他们而言，只有物质和物质的变化是真实的。他们试图描述两个电荷的作用，借助的仅仅是与电荷有直接联系的概念。

起初，场的概念不过是工具，用来促进从经典力学出发的对现象的理解。在新的场语言中，是对两个电荷间的场而非电荷本身的描述，对理解它们的作用至关重要。新概念的认知稳步发展，直到物质在场面前相形见绌。这才意识到，物理学中发生了某些非常重要的事情。新的现实被创建，在这个新的概念中，没有机械观描述的位置。在旷日持久的努力中，场概念的领军地位在物理学中确定了，被认为是物理学的基础概念之一。对于当代物理学家而言，电磁场就像他们坐的椅子一样真实。

但是，如果认为新的场观点让科学家免于旧的电流体理论的错误，或者认为新的理论摧毁了旧理论的成就是有失偏颇的。因为新的理论同时具有旧理论的长处和缺陷，这也让我们从更高的层次重新审视旧的概念。不仅仅对于电流体和场理论是这样的，对所有物理理论的变化都是如此，无论这些理论看起来多么有革命性。在这些例子中，我们依然能在麦克斯韦定律中发现电荷的概念，即便电荷只被看作电场的来源。库仑定律依然有效，而且包含在麦克斯韦方程组里，从方程组可以推导出多种结果，库仑定律就是其中一种。无论何时，我们依然可以应用旧的理论，只要观察到的事实在它的有效范围里。然而，我们也可以应用新的理论，因为所有已知的事实都在它的有效范围里。

为了比较，我们可以说，创造新的理论并不是摧毁旧的农场，然后在原地建造一座摩天大楼；它更像是登山，得到更新、更广的视野，在起点和丰富的环境中发现未曾预料的联系。但是我们出发的点依然存在也能看见，即便它显得更小了，而且成了广阔视野中的一小部分，我们通过解决了一路上的障碍才获得了这样的视野。

实际上，在大家完全认可麦克斯韦方程组的所有内容之前，经过了漫长的时间。场一开始只被认为是借助以太能被经典力学解释的东西。时光荏苒，人们发现，这个方法无法实现，而场论已经获得了了不起的成就，因为它置换了经典力学的教条。另一方面，构建以太力学模型这个问题看起来越来越没有意义，而它的结果，从假想、牵强又刻意的性质看也越来越令人沮丧。

看起来，我们的出路就在于承认空间有传播横向电磁波的物理特质这个事实，而且也不要太纠结于这个表述的意义。我们也还可以用“以太”这个词，但只是用于表述空间的某些物理特征。“以太”这个词在科学发展中多次被改变了含义。在这个时候，它不再代表由粒子组成的介质。它未结束的故事还会在相对论中继续讲下去。

经典力学的框架

到了现在这个阶段，我们必须回到起点，回到伽利略的惯性定律。我们再一次引用如下：

任何物体都会保持静止或者匀速直线运动的状态，直到外力迫使它改变运动状态为止。

一旦理解了惯性，人们也许会疑惑，还有什么可说的吗？尽管这个问题早已被充分讨论过了，但并不意味着已经穷尽。

想象有一个严谨的科学家，他相信惯性定律能被现实实验证实或推翻。他在水平桌面上推动小球，试图尽可能地消除摩擦。他发现，如果桌面和小球更光滑的话，运动会变得更接近于匀速直线运动。就在他要公布惯性原理之际，有个人猛地做了个恶作剧。我们的物理学家在一个没有窗户的房间里工作，和外界没有任何交流。恶作剧中有某种机械，能让整个房间绕着穿过中央的轴线迅速旋转起来。旋转一开始，物理学家就有了前所未有的经历。原本匀速直线运动的小球试图离中央越来越远，而且尽可能地靠近房间的墙壁。物理学家自己也感觉到有奇怪的力把他挤向墙壁。他体会到的紧张感，和任何一个在快速拐弯的火车或汽车甚至是旋转木马上的人感到的一样。此时，先前所有的结论分崩离析。

于是我们的物理学家将不得不抛弃包含惯性定律的所有经典力学定律。惯性定律是他的起点，如果这一点改变了，那么他所有进一步的结论也会改变。观察者注定要把毕生花在这个旋转的房间里，要在那里操作他所有的实验，并将得到和我们大相径庭的结论。如果，从另一方面看，他带着渊博的知识和对物理原理坚定的信念进入这个房间，力学定律显而易见的崩溃，他也许会解释为是由于房间在旋转。通过经典力学实验，他甚至能确定房间是如何旋转的。

我们为什么要对旋转房间中的观察者这么有兴趣？仅仅是因为我们在地球上，在某种程度上和他的处境相同。自哥白尼时代以来，我们就知道，地球绕地轴自转且绕太阳公转。即便人人都明白这个简单的道理，但在科学的进步上却从未考虑过它。但是，我们暂且先放下这个问题，接受哥白尼的观点。假设，转动中的观察者无法确证经典力学定律，那我们这些在地球上的人，也应该是无法做到的。但是，地球的转动相对很缓慢，所以影响不是很显著。不过，依然有很多实验显示出对经典力学定律的轻微偏移，而偏移的一致性可以看作地球转动的证明。

遗憾的是，我们无法把自己放置在太阳和地球之间，来证明惯性定律确切的有效性，并获得旋转地球的图像。这只能靠想象完成。我们所有的实验必须在地球上操作，这个我们被迫生活的地球。相同的事实往往可以用更科学的方式表达：**地球是我们的坐标系**。

为了更清楚地说明这句话的含义，我们来看一个简单的例子。我们可以预测，任意时刻从塔上抛下的石头的位置，然后通过观察证实预测。如果在塔旁放置测量杆，我们就可以预测出任意时刻杆上与下降物体重合的标识位于何处。显然，塔和标尺一定不能用橡胶做成，或者任何其他会在实验过程中发生变形的东西。实际上，不变的标尺会牢牢立在地面上，从原则上讲还需要一个精密的表，供实验所需。准备妥当后，我们不仅可以忽视塔的建筑，还可以忽视塔的存在。上述假设都很普通，往往也不会在这样的实验中被提及。但是这个分析说明，在每一句话中，有多少隐藏着的假设。在这个例子中，我们假设存在一根坚硬的量杆和一个理想的钟表，缺少任何一个都不可能检测伽利略下落物体的理论。利用这些简单但是基础的物理装置——一根量杆、一个钟表，我们就能以一定程度的精确性证实这个经典力学定律。谨慎操作后，实验显示了理论和实验之间的差异，差异是由于地球的转动，或者，换句话说，在与地球牢牢联系的坐标系中，已经建立的经典力学定律并非严格有效。

在所有的经典力学实验中，无论是哪一种，我们都必须决定质点在某个确定时刻的位置，就如上述下落物体的实验。但是，这个位置必须总是描述成相对位置，就像前例中的相对于塔和标尺来说。我们必须有所谓的**参照系**——一个力学脚手架，来确保我们能够确定物体的位置。在描述物体和人在城市中的位置时，大街小巷组成了我们参考的框架。到目前为止，我们在引用经典力学定律时，都不用操心描述框架，因为我们刚好住在地球上，而且在任何特定的例子中，丝毫没有将参照系严格与地球联系起来的困难。因为常常用到这个表述，我们将所有的观察都与之联系起来的、由坚硬不可改变物体所组成的参考框架统一地称为坐标系。

至此，我们所有的物理说明都缺失了某些东西，我们忽略了一个事实，就是所有观察都必须发生在确定的坐标系中。我们不仅没有描述这个坐标系的结构，还忽略了它的存在。比如，当我们写下"一个匀速直线运动的物体……"时，其实它应该写作"一个相对于选定坐标系做匀速直线运动的物体……"。旋转房间的经历告诉我们，经典力学实验的结果也许取决于选定的坐标系。

如果两个坐标系相对旋转，那么经典力学定律也许对二者都是无效的。如果泳池的水面是水平的，它组成了坐标系的一部分，那么，在另一个类似泳池的水面上发生的波动，将和任何一个人用勺子搅动咖啡时，咖啡发生的波动类似。

在描述形成经典力学的基本线索时，我们忽略了重要的一点：我们没有说明它们是在哪一个坐标系上有效的。因此，整个经典力学理论都浮在空中，因为我们不知道和它有关的框架是什么。然而，我们暂时先跳过这个难题。我们可以做一个稍微不太正确的猜测，即在每一个与地球严格联系的坐标系中的经典力学定律都是有效的。这么说只是为了修补坐标系，明确我们的说法。尽管地球是合适的参考框架，这个说法并不完全正确，但我们也可以暂时接受它。

继而，我们就假设存在一个坐标系，在它里面经典力学定律是有效的。这个坐标系是唯一的吗？假如，这个坐标系是类似火车、船或者飞机这样相对地球运动的物体，那经典力学定律对这些新的坐标系还有效吗？我们可以确定它们并非始终有效，比如火车拐弯、船只遭遇暴风雨或者飞机失控。让我们从简单的例子开始。一个坐标系相对我们“好的”坐标系做匀速直线运动，“好的”坐标系指的是经典力学定律有效的坐标系。比如说，一辆想象中的火车或船沿着直线顺顺当当地行驶，而且速度永远不变。我们从每一个日常经历中可知，两个系统都会是“好的”，也就是说，在匀速直线运动的火车或船只上操作的物理实验，将和在地球上做的实验有一模一样的结果。但是，如果火车或船停了下来，或者突然加速，又或者是海面惊涛骇浪，或发生了特殊的事件：在火车中，行李从行李架上掉下；在船里，桌椅四处移动，乘客晕船。从物理学的角度看，这仅仅意味着，经典力学定律对这些坐标系不适用，它们是“糟糕的”坐标系。

这个结论可以用所谓的**伽利略相对性原理**说明：**如果经典力学**

定律在一个坐标系中适用，那么它们就会在相对于第一个坐标系匀速直线运动的任何坐标系中也适用。

如果有两个坐标系，它们的相对运动不匀速，那么经典力学定律对二者都不适用。“好的”坐标系，也就是经典力学定律能适用的那些，我们叫作**惯性坐标系**。是否真的存在惯性坐标系，这个问题还没有定论。但是，假如真的有这样的坐标系，那么它的数量将是无穷的。每一个相对于第一个惯性坐标系做匀速直线运动的坐标系都是惯性坐标系。

我们来考虑两个坐标系的例子，它们从已知点出发做相对匀速直线运动，速度已知。如果倾向于具体的画面，你大可以想象出一辆相对于地球运动的轮船或火车。经典力学定律可以通过实验证明，只要实验的准确度一致，无论是在地球上，还是匀速直线运动的火车或轮船上。但是，如果两个系统的观察者开始讨论对同一事件的观察，但出发点是两个不同的坐标系，难度就会加大。每个人都想把另一个人的观察转换成自己的语言。再举一个简单的例子：从两个坐标系上观测到一个质点的相同运动。地球和匀速运动的火车都是惯性坐标系。如果某一时刻两个坐标系的相对速度和位置都是已知的，那么知道了一个坐标系上观测到的东西，是否足以知道另一个坐标系上能观测到什么呢？对于事件的描述，知道如何能从一个坐标系转移到另一个至关重要，因为两个坐标系是相等的，而且同样适用于描述自然现象。实际上，知道一个坐标系上观测到的结果就足够推测出另一个坐标系上的观测结果。

我们可以抛弃轮船或者火车，更抽象地考虑这个问题。为了简化问题，我们可以只观察直线运动。这时，我们有一根硬棒、一个标尺和一个精密的表。在这个简单的直线运动中，硬棒代表一个坐标系，就如伽利略实验中标尺相对塔的作用。这样会简单得多，也好得多。就是在直线运动中把坐标系想成硬棒，在空间随机运动中，把相互垂直组成的支架想成坐标系，这样就能忽视塔、墙、街道，诸如此类。假设，在最简单的例子中，我们有两个坐标系，也就是两根硬棒；我们把一根放在另一根上面，称呼它们为“上”“下”坐标系。假设，这两个坐标系以明确的速度相对运动，而且二者会互相滑动。我们也大可想象两根棒子都有无限的长度，都有起点，但没有终点。两个坐标系用一个表就够了，因为时间的流逝对二者是相同的。当我们开始观察时，两根棒子的起点一致。在这个时刻，一个质点的位置是明确的，用两个坐标系上的相同数字表示。质点与棒子上标尺的一个点一致，从而给了我们一个能决定质点位置的数字。但是，如果棒子做相对匀速直线运动，对应位置的数字在一段时间后会不一样，比如说，一秒。想象一个停在上面棒子上的质点。上层坐标系上标示它的位置的数字不会随时间改变。但是，下层棒子上对应的数字会变化。与其说“对应某一点位置的数字”，我们可以简要说成是**点的坐标**。这能从图3-12看出，虽然下列表述听起来很复杂，但它是正确的，也表达了非常简单的内涵。下层坐标系点的坐标等同于这一点在上层坐标系的坐标加上上层坐标系的起点相对于下层坐标系的坐标。重要的事情是，只要我们知道它在一个坐标系的位置，总是能测量出质点在另一个坐标系中的位置。出于这个目的，我们必须知道两个坐标系在任何时刻的相对位置。尽管这些听起来很复杂，但它实际上非常简单，也不值得细致讨论，只是我们之后会发现它相当有用。

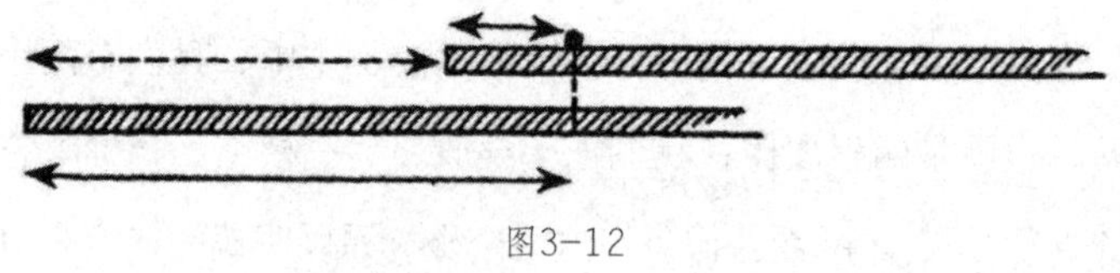

图3-12

值得花点时间注意的是，测量质点的位置和事件所需时间之间的区别。每一个观察者都有自己的棒子，组成自己的坐标系，但是他们只有一个表。时间是某种“绝对”的东西，对于任何坐标系里的任何观察者而言，它以同样的方式流逝。

再看另一个例子。一个人以每小时3英里的速度在一艘大船的甲板上散步。这是相对于船，或者说相对于与船严格关联的坐标系的速度。如果船相对于海岸的速度是每小时30英里，再假设，人和船的匀速运动都有相同的方向，那么，散步者的速度相对于海岸上的观察者来说将会是每小时33英里，或者是相对于船是每小时3英里。我们可以更抽象地说明这个事实：运动质点相对于下层坐标系的速度，等同于它相对上层坐标系的速度加上或减去上层坐标系相对于下层坐标系的速度，具体取决于两者速度的方向是相同还是相反。我们不仅能转化不同坐标系质点的位置，只要知道这两个坐标系的相对速度，我们还能转化速度。位置或者坐标，以及速度，都是定量的例子，在已明确关系的不同坐标系中是不一样的。在这个简单的例子中，明确关系就是**转换定律**。

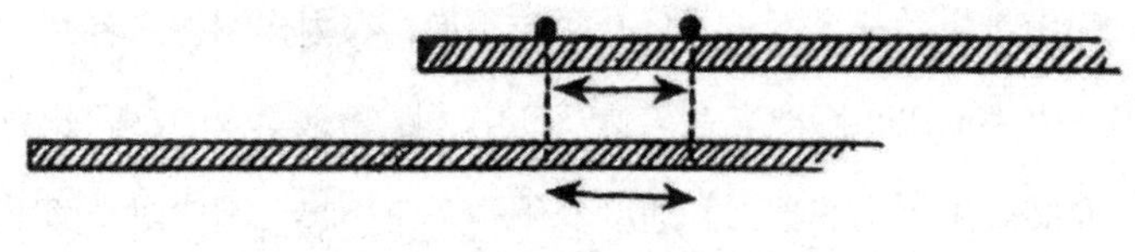

图3-13

但是，有一些数量在两个坐标系中是一样的，它们不需要转换定律。比如，不再是一个而是两个点固定在上层棒子上，我们来思考二者的距离。这个距离是这两个点的坐标的距离。要找出相对于不同坐标系的两个点的位置，我们必须使用转换定律。但是，在构造两个位置的距离时，距离会由于不同的坐标系而互相抵消甚至消失，就像图3-13中显示的那样。我们必须加上或减去两个坐标系起点间的距离。从而两点的距离是**固定**的，也就是不会因为坐标系的不同而变化。

下一个独立于坐标系的数量的例子是速度的变化，这是一个很熟悉的来自经典力学的例子。再一次，从两个坐标系上观察到一个沿直线运动的质点。它的速度变化对于不同坐标系的观察者来说，都是两个速度的差值，两个坐标系的相对匀速运动导致的增量会在计量差值时抵消。所以，速度变化是常量，当然，这只发生在一种情况下，就是两个坐标系的相对运动是匀速直线的。否则，速度改变对不同坐标系来说是不同的，差距产生于两根棒子相对运动速度的变化，这两根棒子代表着坐标系。

终于是最后一个例子了！有两个质点，有力作用在二者之间，且力的大小取决于距离。在匀速运动中，距离是不变的，因此力也是不变的。牛顿定律把力和速度变化联系在一起，因此对于两个坐标系都有效。再一次，我们得出了被日常经验证实了的结论：如果经典力学定律在一个坐标系中有效，那么它们就会在所有平行于那个坐标系匀速运动的坐标系中有效。例子当然也是非常简单的，就是在由硬棒代表的坐标系中的匀速运动。但是结论是普遍有效的，可以总结如下：

1. 我们没能找出惯性系的线索。然而，一旦有了一个这样的系统，我们就能找到无数个这样的系统。因为，所有相对匀速运动的坐标系都是惯性系，只要其中有一个是惯性系。

2. 对应于事件的时间在所有坐标系中都是一样的。但是坐标和速度是不同的，而要依据转换定律进行转化。

3. 尽管在从一个坐标系转向另一个坐标系时，坐标和速度会改变，但是力以及速度变化是不变的，根据转换定律推导出的经典力学定律也是不变的。

这里提出的用于坐标和速度的转换定律，我们可以说是经典力学的转换定律，简单说就是**经典转换**。

以太与运动

伽利略的相对性原理对经典力学现象是有效的。所有相对运动的惯性系中也可以应用相同的经典力学定律。这个原理对非经典力学现象也会适用吗？尤其是那些已被证明是非常重要的场的概念。所有与之相关的问题瞬间把我们带到了相对论的起点。

我们还记得，光在**真空**或者以太中的速度是每秒186 000英里，在以太中传播的光是电磁波；电磁场携带的能量一离开源头就独立存在。我们还能暂且相信，以太是电磁波传播的介质，因此也是传播光波的介质，尽管我们非常清楚在它的经典力学结构上有多少难题。

我们坐在一个封闭的房间里，与外部世界隔绝，也没有空气能进入或逃出。如果我们坐下并交谈，那么从物理学的角度看，我们是在创造声波，它从源头出发以声音在空气中的速度传播。如果在嘴和耳朵之间没有空气或者其他物质介质，那我们就无法听到声音。实验显示，声音在空气中的速度在任何方向上都是一样的，只要在给定的坐标系中没有风，空气也是静止的。

想象这个房间在空间里匀速运动。在外面的一个人通过玻璃墙看到这个移动的房间（或者火车，任你选择），房间内部的每个东西都在运动。从内部观察者的测量看，他可以推导出声音相对于他的坐标系的速度，这个坐标系与他周围的环境相联系，也就是移动的房间。再一次，又是那个古老且被充分讨论过的问题：已知一个坐标系中的速度，如何测量在另一个坐标系中的速度。

房间里的观察者宣称：声音的速度，对我而言，在任何方向都是一致的。

在外面的观察者声明：在移动房间内传播的声音的速度，从我的坐标系测量，并不是在所有方向上都一致。在房间运动的方向上的传播速度大于声音的标准速度；如果是反方向，传播速度就会偏小。

这些结论来自经典转换，而且能被实验证明。房间内部携带有物质介质，也就是传播声波的空气，声音的速度从而对内部和外部观察者而言，是不一样的。

我们可以得出更进一步的结论，从声音作为通过物质介质传播的理论出发。一个方法是跑步，虽然这并不是最简单的办法。如果跑步的速度比声音的速度还快，相对的是说话者周围的空气，那就听不见人说话。届时产生的声波将永远无法到达我们的耳朵。在另一方面，如果错过了一个永远不会再重复出现的重要词汇，我们必须跑得比声音还快，才能赶上产生的声波，抓住这个词。不过这不可能发生，除非我们能够以每秒钟400码的速度奔跑，但也许，我们能想象未来科技的发展可以达到这个速度。大炮发射的炮弹实际上就以比声音大得多的速度在运动，所以骑在炮弹上的人永远听不到发射的声音。

这些例子都有纯粹的力学特征，现在，我们可以提出重要的问题：我们能否在光波中重复关于声波的一切？伽利略的相对性原理和经典转换能否应用在解释光学和电学的现象上，就如应用在经典力学现象上？简单回答“能”或“不能”而不深究背后的含义，就有点靠不住了。

在光波的例子中，房间相对于外部观察者做匀速直线运动，下列中间步骤对我们的结论至关重要：

运动房间携带的空气中有声波在传播。

在两个相对匀速运动的坐标系中观察到的速度，通过经典转换相联系。

光学的相应问题必将有些许差别。房间里的观察者不再说话，而是向每一个方向发送光信号或者光波。进一步假设，产生光信号的源头在房间里永远静止。光波通过以太传播，就如声波通过空气传播一样。

以太会像空气一样存在于房间内吗？由于我们没有以太的力学界定，所以回答这个问题极其困难。如果房间是封闭的，内部的空气不得不随房间运动。显然没道理认为以太也会是这样的，因为所有物质都浸在里面，它渗透到每个地方，没有门能关住以太。“移动的房间”现在只意味着移动的坐标系，光源和它紧密联系。但是，想象房间和光源以及以太一起运动，并不会超出我们对封闭空间中的声音和空气的想象。我们依然可以很好地想象另一个情形：在以太中运动的房间就像是在绝对平静的海面上运动的船只，不再是携带着介质的某一部分，而是在介质中运动。在第一幅图景中，和光源一起运动的房间带有以太。与声波类比是有可能的，得出的结论也十分相似。在第二幅图景中，和光源一起运动的房间不带有以太。无法类比声波，声波中得出的结论也无法用于光波。这是两种有限的可能性。我们也可以想象更加复杂的可能性，就是以太只是部分包含在和光源一同运动的房间里。但是，在找出实验更青睐哪一个有限例子之前没有必要讨论更复杂的情形。

我们可以从第一幅图景开始想象：以太在房间里，房间和与其紧密连接的光源一起运动。如果对声波速度的简单转换原则深信不疑，我们可以把结论也应用在光波上。这个简单的经典力学转换定律毋庸置疑，它只说明速度必须在某种情况中加上，在其他情况中减去坐标系的速度。因此，目前，我们能够假设，这个和光源一起运动的房间，不仅带有以太，也符合经典转换。

假如我打开灯，它和我的房间紧密联系，那么光信号的速度就是广为人知的实验结果——每秒186 000英里。但是，外部的观察者还会注意到房间的运动，从而也会看到光源的运动，再加上携带了以太，所以他的结论一定是：外部坐标系中的光速在不同方向上是不一样的。在房间运动的方向上，它会大于标准光速，在反方向上更小。我们的结论是：如果有光源移动的房间携带有以太，且经典力学定律是适用的，那么光速必将取决于光源的速度。从移动光源到达眼睛的光，将会有更大的速度，只要运动是面向我们的；但如果是远离我们，速度会更小。

如果我们的速度比光速还快，我们是能够逃离光信号的。我们通过提前看到送出的光波得知未来发生的事情。我们能够抓住它们，也能倒序看到它们，这样，地球上的时间线就会像是回放的电影，从大团圆结局开始。这些结论都遵循一个猜想，就是移动坐标携带有以太，且经典力学转换定律有效。如果真是如此，光和声音的类比堪称完美。

但是，没有迹象可以证明这些结论的正确性。相反，所有设计来用以证明它们的实验，都反对这些结论。没有任何理由可以质疑这些判决的清晰性，尽管从艰巨的技术难题上看，它们是通过远称不上直接的实验获得的，这些难题都是拜巨大的光速所赐。**光速在所有坐标系中总是不变，和光源是否移动、如何移动没有关系。**

我们不准备细说诸多的实验，虽然从它们可以得出这个重要的结论。然而，我们可以使用简单的观点，尽管它们无法证明光速与光源的运动无关，但可以使人们觉得这个事实具有说服力而又可以理解。

在太阳系中，地球和其他行星围绕太阳旋转。我们不知道是否存在其他类似的行星系统，但是，存在非常多双星系统——由两个星体组成，围绕一个点旋转，这个点称作它们的重力中心。对这些双星系统运动的观察，显现出牛顿万有引力的有效性。现在，假设光速取决于发光体的速度。那么，信息也就是从星体发出的光，或快或慢地运行，取决于光束发出那一刻星体的速度。这种情况下，整个运动都是含糊不清的，也不可能证实主导我们行星系统的万有引力定律在远距离双星中是否有效。

我们再考虑另一种基于简单理念的实验，想象一个快速旋转的车轮。根据我们的猜想，以太被卷入车轮的运动中，且发挥了作用。当车轮处于静止和运动两种状态中，从车轮附近经过的光波会有不一样的速度。相较于被车轮运动而快速搅动的以太，光速在静止的以太中应该是不一样的，就如声波的速度在无风和有风的日子是不同的。但是没有侦测到类似的区别！

无论从何种角度接近问题，或者设计了何种关键实验，结论总是有悖于以太被运动携带的猜想。因此，我们的思考结果，用更细致、专业的观点支持，就是：

光速不取决于光源的运动。

不能假设运动物体会在运动过程中携带周围的以太。

因此，我们必须放弃声波和光波的类比，回到第二个可能性：所有运动都穿过以太，且以太对任何运动都没有影响。这意味着，我们假设存在以太之海，所有坐标系都在其中静止，或者做相对运动。假设我们暂时放下这个问题，而想想是否有实验能证明或者反对这个理论。熟悉新假设的含义以及从中得出的结论，将会很有裨益。

存在一个相对于以太海静止的坐标系。经典力学上，在众多做相对匀速直线运动的坐标系中没有一个可以将它区别出来。这些坐标系都一样“好”或者“不好”。如果有两个相对做匀速直线运动的坐标系，那么在经典力学中，去问它们中的哪一个是运动的、哪一个是静止的没有意义。只能存在相对匀速直线运动。根据伽利略的相对性原理，我们无法讨论绝对匀速直线运动。如果存在的不只是**相对**匀速直线运动，还有**绝对**匀速直线运动又意味着什么呢？这只不过是说，存在一个坐标系，其中的某些自然定律和其他所有坐标系中的不一样。再者，每一个观察者都能通过比较本坐标系中有效的定律和拥有绝对独有标准的唯一坐标系中的定律，来甄别自己的坐标系是静止的或运动的。这个现象的表述和经典力学大不相同，在经典力学里，由于伽利略的惯性定律，不存在绝对匀速直线运动。

假设运动是通过以太的，那么从场的领域又可以得出什么结论呢？这将意味着，存在一个相对于以太海是静止的、截然不同的坐标系。非常清楚的是，在这个坐标系中有些自然定律必定是不同的，否则“运动是通过以太的”这个表述就毫无意义了。如果伽利略的相对性原理是有效的，那么运动通过以太就没有任何价值。这两个观点不可能合并。但是，假如真的存在充满以太的特殊坐标系，那么“绝对运动”或“绝对静止”的说法就有确切的含义了。

真的是一筹莫展。我们试图挽救伽利略的相对性原理，通过假设系统在运动中携带了以太，但这与实验相悖。唯一的出路是放弃伽利略的相对性原理，并尝试假设所有的物体都在平静的以太海中运动。

下一步是思考一些结论，它们反对伽利略相对性原理但支持在以太中运动的观点，并用实验检验结论。类似的实验想象起来非常容易，但是操作起来很困难。因为我们只在此考虑理念，就无须担忧技术难题了。

再回到移动的房间里，有两个观察者，一个在里面，一个在外面。外面的观察者将代表标准坐标系，是由以太海指定的。这是个与众不同的坐标系，其中的光速总是等同于标准值。在平静的以太海中的所有光源，无论是运动的还是静止的，都会以相同的速度传播光。房间和里面的观察者在以太海里移动。想象一束光在房间中央明灭不定，而且，墙壁是透明的，所以无论是里面的还是外面的观察者都能测量这道光的速度。如果询问观察者他们预期得到的结果是什么，他们的回答也许会是这样的：

外部观察者：我的坐标系由以太海制定。坐标系里的光速总是标准光速。我无须关心光源或者其他物体是否移动，因为它们永远不会携带以太。我的坐标系和其他坐标系都不一样，在这个坐标系中光速必须保持标准大小，和光束的方向或者光源的运动无关。

内部观察者：房间在以太海内部运动。一面墙远离光，而另一面靠近它。如果房间相对于以太海运动的速度等同于光速，那么从房间中央产生的光将永远无法凭借光速到达远处的墙。如果房间移动的速度小于光速，那么从房间中央产生的光就能一前一后地到达这两面墙。光会在到达远离光波的墙面之前，先到达靠近光波的墙。因此，尽管光源和我的坐标系紧密连接，光速却不是在所有方向上都一致。在相对于以太海运动的方向，也就是远处的墙，速度会小一些；而在相反方向会更大，也就是接近光源的墙与光波更早相遇。

所以，只有在从以太海区分出来的那一种坐标系中，光速会在所有方向上一致。对于其他相对于以太海运动的坐标系而言，速度取决于测量的方向。

这个关键实验能让我们检验穿过以太海的运动的理论。实际上，自然界就是一个以相对较快的速度运动的系统——地球只要一年就能绕太阳一圈。如果猜想正确，那么光在地球运动方向上的速度，会不同于反方向的速度。差距是可以计算的，也能设计出适合的实验来检验。考虑到根据理论得出的时间差距很小，就必须用非常精巧的实验来论证。这在著名的迈克尔逊-莫雷实验[①]中完成了，结果宣告了所有物体在平静的以太海中运动这一理论的“死亡”。找不到任何光的速度和方向之间的相关性。不仅仅是光速，其他场现象也可以显示出移动坐标系方向的相关性，如果以太海的理论成立的话。每一个实验都给出了否定的结果，就如迈克尔逊-莫雷实验一样，也从未揭示出与地球运动方向的相关性。

情况越来越棘手了。两个猜想都试过了。第一个，移动物体携带以太，而光的速度并不取决于光源的运动，这个猜测与事实相悖。第二个，存在独一无二的坐标系，移动物体不会携带以太，而是在非常平静的以太海中运动。如果真是如此，那么就不适用于伽利略相对性原理了，光的速度就无法在每个坐标系中保持一致。再一次，这与实验违背。

更多人为理论拿来被检验，假设真正的事实就藏在两个有限例子的某处：以太仅仅是部分地被移动物体携带。但是它们都失败了！无论是想用以太的运动、在以太里运动还是二者都有，每个解释电磁现象的尝试都无法被成功证明。

---

① 迈克尔逊-莫雷实验（Michelson-Morley Experiment），是1887年迈克尔逊和莫雷在美国用迈克尔逊干涉仪测量两个垂直光的光速差值的一项物理实验，结果证明光速在不同惯性系和不同方向上都是相同的，由此否认了以太（绝对静止参考系）的存在，从而动摇了经典物理学的基础，成为近代物理学的一个开端，在物理学发展史上占有十分重要的地位。

于是，科学史上最匪夷所思的现象出现了。所有和以太相关的猜想都无疾而终！实验证明永远是否定的。回看物理学的发展，我们可以发现，以太在诞生之后不久，就成了物理物质家族中的顽童。首先，以太的简单力学构造被证实是不可能的，而且被抛弃了。这在很大程度上导致了机械观的崩溃。其次，我们不得不放弃希望，即通过以太海的存在推导出绝对运动，而不仅仅是相对运动。除了以太能传播波的假说以外，这是唯一一个表示和证实以太存在的方法。所有让以太成真的努力都失败了。既无法显示它的力学结构，也无法揭示绝对运动的存在。以太的特质无一留下，除了创造它的那个，即传播电磁波的能力。发现以太特征的尝试引向了重重难题和自相矛盾。在如此糟糕的经历之后，是时候彻底忘掉以太，而且试着永远别提起它了。我们可以说：空间有传播波的能力。因此，我们决定不再使用这个词。

从词典中抹去一个词当然不是什么良方。但难题实在是太大，无法用这种方法解决。

让我们写下那些通过实验充分证明的事实，无须顾虑任何“以——太”的问题：

（1）光在真空中的速度总是标准光速，与光源或光接收器的运动无关。

（2）在做相对匀速直线运动的两个坐标系中，所有自然定律都完全一样，所以不可能有独一无二的绝对匀速直线运动。

有很多实验可以证实这两个说法，而且没有一个会否认它们中的任意一条。第一个说法说明了光速的不变性，第二个则推广了伽利略相对性原理，让这个为经典力学现象而生的原理可以应用到所有自然现象中。

在经典力学中我们发现：如果一个质点相对于一个坐标系的速度是v，那么它在另一个相对于第一个坐标系做匀速直线运动的坐标系中速度是不一样的。这遵循简单的经典力学转换原理。我们的直觉马上就能得出这个原理（相对于船和海岸运动的人），而且显而易见没有错误！但是这个转换定律和光速的不变性相悖。或者，换句话说，我们加上第三个原则：

（3）位置和速度从一个惯性系转移到另一个惯性系，要遵循经典转换。

矛盾立刻凸显。我们不能合并（1）、（2）和（3）。

对于任何想要改变它的企图来说，经典转换似乎太过显而易见、太过简单了。我们试过改变（1）和（2），然后实验否决了。所有和“以太”相关的运动都要求改变（1）和（2）。结果并不好。再一次，我们意识到了难题的严重性。需要新的线索了。支持这么做是通过接受基础猜想（1）和（2），但是，古怪的是要放弃（3）。新线索起源于对最基础、最原始的概念的分析，我们应该说明这个分析是如何迫使我们改变旧观点并消除所有难题的。

时间、距离、相对论

新的猜想是：

（1）光在真空中的速度等同于光在所有做相对匀速直线运动坐标系中的速度。

（2）所有自然定律在所有做相对匀速直线运动的坐标系中都一样。

相对论就从这两个猜想开始。从现在开始，我们不再使用经典转换，因为它与我们的猜想矛盾。

科学中的关键一向是去除我们根深蒂固、未经证实就复述的偏见。既然已经见证了上节中（1）和（2）的改变会导致违背实验结果，所以我们必须有勇气清晰地陈述它们的有效性，然后攻击可能的弱点，也就是位置和速度从一个坐标系转移到另一个坐标系的方法。我们打算从新的猜想（1）和（2）推导出结论，看看这些猜想在什么地方、什么程度上反对经典转换，并找到结论的物理含义。

再一次要用到有内外观察者的移动房间。再一次，房间中央产生了光信号，我们也在此询问他们期待观察到的是什么，假设只存在这两个原则，忘记了先前说过的和光传播介质有关的原则。他们的回答如下：

内部观察者：从房间中央传出的光信号会**同时**到达所有墙面，因为墙面和光源的距离相等，而光速在任何方向上都一样。

外部观察者：在我的系统中，光速和在移动房间中观察者看到的完全一样。但对我来说，光源是否在我的坐标系中移动并不重要，因为运动不会影响光速。我看到的是一个以标准速度运行的光信号，速度在任何方向都一样。一面墙试图远离光源，对面的墙则在靠近光源。因此，光信号遇到逃离墙的时间，会稍微晚于遇到那面靠近的墙。尽管差别十分微小，但如果房间的速度比光速小，那么光信号将无法几近同时地到达两面相反的墙，墙是垂直于运动方向的。

比较两个观察者的猜测，我们发现了一个最令人震惊的结果，这显然违反了完备构建的经典物理学。两个事件，即两束光抵达两面墙，对于内部观察者来说是同时的，但是对于外部观察者而言并非如此。在经典物理学中，我们有一个表，一个时间流，适用于所有坐标系的所有观察者。时间以及“同时”“更快”“更晚”这类词，有绝对的含义，独立于任何坐标系。在一个坐标系中同一时间发生的两件事，也必须在其他坐标系中同时发生。

新的猜想（1）和（2），即相对论，迫使我们不得不放弃这个观点。我们已经描述了两个事件，它们在一个坐标系中同时发生，却在另一个坐标系中不同步。我们的任务是理解这个结果，理解这句话的含义："两个事件在一个坐标系中是同时的，在其他坐标系中不一定同时。"

"同一个坐标系中同时发生的两个事件"是什么意思？直觉上看，人人都能理解这句话的含义。但是，让我们更细致地给出严格的定义，因为我们知道未经检验的直觉有多么危险。先从回答一个小问题开始。

钟表是什么？

原始、主观地感知时间流逝让我们能够捋清顺序，判断哪一件事早一点发生，哪一件晚一点。但是，为了要显示两个事件间隔了10秒，就需要钟表。使用钟表使时间概念变得客观。任何物理现象都可以当作钟表，可以精准重复许多次。此类事件的起点和终点之间的间隔是一个时间单位，任意时间间隔可以用物理过程的重复来衡量。所有钟表，无论是简单的沙漏还是最精密的仪器，都是基于这个原理。沙漏的单位时间，就是沙子从玻璃上端流到底部的时间间隔。这一物理过程可以通过翻转玻璃瓶不断重复。

在两个远距离点中，我们有两个精准的钟表，显示的时间完全一致。无论我们用什么来校验这句话都是正确的。但它意味着什么呢？我们如何保证，远远隔开的两个钟表总是会显示完全一样的时间呢？可能的方法是使用电视。这应该可以理解，电视只是例子，而非我们论述的关键。我可以靠近一个钟表，并看向另一个钟表在电视里的成像，这样就能判断它们是否同时显示了相同的时间。但这个证明不够好。电视画面是通过电磁波传输的，速度等于光速。通过电视，我可以看到极短时间之前发出的画面，但是面对真实的钟表，我看到的是此时此刻的时间。这个困难很好解决。只要把显示两个钟表的电视画面放在同一个位置，和两个钟表距离相等，然后在中点观察这两个表。如此一来，假设信号是同时发出的，它们就会同时到达我这里。如果从正中心观察到的两个钟表总是显示一模一样的时间，那么它们就非常适合用于界定远距离两点上事件的时间。

在经典力学中，我们只用了一个钟表。但这不是很方便，因为我们必须在钟表的附近操作实验。从远距离看一个表，比如通过电视，我们看到的总是早些时候发生的事情，就像是看日落，我们是在事情真正发生的8分钟后才观察到它的。

因此，只用一个钟表很不方便。但是现在，既然我们已经知道如何判断两个或者更多的钟表是否同时显示相同的时间，是否以相同的方式计时，那么，我们就能在给定的坐标系中，想假设多少个钟表就假设多少个。每一个钟表都能帮助我们确定，在紧挨着钟表附近发生的事件的时间。所有的钟表相对于坐标系都是静止的。它们都是“好的”钟表，而且同步，这意味着它们会同时显示相同的时间。

对钟表的处置并没有什么值得注意的特别之处。我们用了数个同步的钟表，而非一个，从而可以轻易地判断出，远隔两处的事件在给定坐标系中是否是同时的。如果事件周围的同步钟表在事件发生时当即显示了相同的时间，那事件就是同时发生的。如果要说这二者中某一个事件比另一个事件发生得早，那也很明确了。这些都能借助坐标系中静止的钟表判断。

在经典物理学中这是共识，任何反对这一经典转换的现象都尚未出现。

至于对同时事件的界定，要借助信号来同步钟表。信号以光速运动在设置中至关重要，这个速度在相对理论中扮演着非常重要的角色。

既然是想处理两个相对匀速直线运动坐标系的重要问题，那我们必须考虑两根棍子，每一根都配有一个钟表。在相对匀速直线运动的两个坐标系中，各有一个观察者，他们的棍子都和钟表相连接。

讨论经典力学的测量时，我们在所有坐标系中只用了一个钟表。现在，我们在每一个坐标系中有许多钟表。这个区别并不要紧。一个表就够了，但是没有人会反对多用几个表，只要他们的行为和同步钟表一样明明白白即可。

现在我们正在接近关键点，将显现出经典转换和相对论相悖的地方。当两组钟表做相对匀速直线运动时，会发生什么？经典物理学家会回答：什么也不会发生，它们的节奏还是一样的，我们可以使用运动的也可以使用静止的钟表来表明时间。根据经典物理学，同一个坐标系中的两个同时事件，在其他任何坐标系中也会是同时的。

但这不是唯一可能的答案。我们同样可以想象，运动钟表和静止钟表的节奏并不一样。现在，我们可以暂时不下结论地讨论这个可能性，无论钟表是否在运动中改变了自身的节奏。那什么叫作移动中的钟表改变了它的节奏？出于简化考虑，我们假设在上层坐标系中只有一个钟表，下层中则有多个。所有的钟表机制相同，下层的每一个钟表都是同步的，也就是说它们会同时显示一样的时间。我们画出这两个相对运动坐标系中的三种序列位置。在图3-14的第一幅画中，上下层钟表的同一端点都有钟表——出于方便我们如此设置，所有钟表显示了相同的时间。在第二幅画中，两个坐标系的相对位置有错位。下层坐标系所有钟表显示的时间一样，但是上层坐标系的钟表节奏不同。它的节奏改变了，时间也不一样了，因为这个表在相对下层坐标系中移动。在第三幅画中，我们看到端点处位置的差距随着时间而加大了。

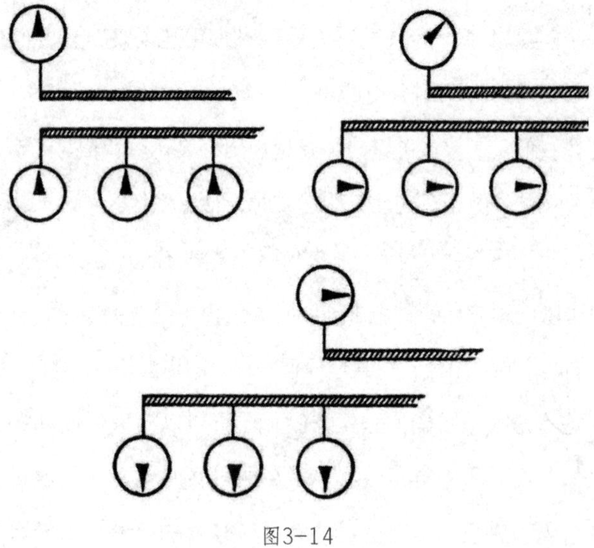

图3-14

在下层坐标系中静止的观察者将发现，一个移动中的表改变了自己的节奏。毫无疑问，如果这个表相对上层坐标系移动，那么上层坐标系中静止的观察者也会发现相同的现象。在这个例子中，上层坐标系中会观察到多个表，而下层坐标系只有一个。自然现象在相对移动的坐标系中必定是一样的。

在经典力学中假设移动的钟表不会改变自己的节奏，是约定俗成的。这看起来显而易见，以至于都不值得一提。但是，没有任何事情是仅凭表面就能决定的；如果我们真的足够谨慎，就会分析这个在物理学中被广泛认可的假设。

不能因为和经典物理学不一样，就认为假设简单到可笑。我们可以仔细思考运动中的表改变了节奏，只要改变的定律和所有惯性坐标中的一致就行。

但还有一个例子。有一个码尺，这意味着这个标尺在坐标系中静止时，长度是一码。它正在做匀速直线运动，沿着代表坐标系的棍子。它显示出的长度还会是一码吗？我们必须预先知道如何测量它的长度。只要标尺是静止的，它的两个端点在坐标系上对应的标志就相隔一码。由此我们可以得出结论：静止标尺的长度是一码。该如何测量运动中的标尺呢？可以按如下方法做：在给定时刻，两个观察者同时拍下画面，一个是标尺的起点，一个是终点。因为照片是同时拍的，我们就能比较坐标系棍子上的标志和对应移动标尺的起点及终点了。至此，就能测量它的长度。但必须要有两个观察者在给定坐标系的不同位置、对同时发生的事件做记录。没有理由认为，这个测量结果会和标尺在静止状态的情况一样。因为照片是同时拍下的，正如我们早就知道的，这是一个取决于坐标系的相对概念，很有可能在相对移动的不同坐标系中，测量的结果是不一样的。

完全可以想象，不仅仅是移动的钟表改变了节奏，移动的标尺也改变了长度，只要变化法则在所有惯性坐标系中都一样。

我们只是讨论了一些新的可能性，但没有给出任何证明。

我们还记得：光速在所有惯性坐标系中是一致的。这个事实和经典转换无法调和。循环必须要在某个环节被打破。它不能就在这里被打破吗？在移动钟表的节奏和移动标尺的长度里，我们不能假设光速的恒定会严格遵循这个猜想吗？实际上我们可以！这是第一个相对论和经典物理学大相径庭的例子。我们的观点可以转换一下：假如在所有坐标系中光速都不变，那么移动的标尺必须改变长度，移动的钟表必须改变节奏，并且，主导这些变化的法则必须严格界定。

这并不是什么神神秘秘的无稽之谈。在经典物理学中，总是假设钟表在运动和静止中的节奏一致，标尺在运动和静止中的长度也一致。如果光速在所有坐标系中都一样，如果相对论是有效的，那么我们必须舍弃这个假设。抛弃根深蒂固的偏见是很难的，但是我们别无他法。从相对论的角度看，老的观念看起来未免随意了些。

为什么认定所有坐标系中的所有观察者会以绝对一样的方式经历时间的流动呢？就在数页之前我们还这么认定。时间是由钟表测量的，空间由标尺界定，那它们的测量结果就有可能根据钟表和标尺在运动中的行为而变化。没有理由证明，它们会以我们期望的方式运动。通过观察电磁场的现象间接地指出，移动的钟表改变节奏、运动的标尺改变长度，而在经典力学现象的偏见里，我们不曾想过会发生这些。我们必须接受每个坐标系中的相对时间概念，因为这是解决难题的最佳方法。基于相对论的进一步科学发展显示，不应该把这新的方向看成首要之恶，因为这一理论的价值实在值得大书特书。

到目前为止，我们试图说明的是相对论的基础假设，以及这个理论如何驱使我们通过新的对待时间与空间的方式修改经典转换。我们的目的是澄清形成新物理和哲学观的基础想法。这些想法很简单，但是目前形成的框架还不足以得出定性的结论，更别说定量的了。我们必须再用一次老方法去解释这一特性的原理，并在没有证据的情况下说明别的原理。

要捋清老派和当代物理学家观念间的差别，我们可以把那些相信经典转换的人称为O，把当代物理学家称为M——这些人知道相对论，我们可以想象他们之间的对话。

O：我相信经典力学里的伽利略相对性原理，因为我知道，这个定律说的是在两个做相对匀速直线运动的坐标系中，经典力学定律是一样的，换句话说，根据经典转换，这些定律是不变的。

M：但是相对性原理必须应用在外部世界的所有事件中。不仅仅是经典力学定律，而是所有自然定律都必须在做相对匀速直线运动的坐标系中保持一致。

O：但这怎么可能呢？在做相对匀速直线运动坐标系中的所有自然定律都一致。场方程组，也就是麦克斯韦方程组，从经典转换上看就是变化的。这一点在光速例子上十分明显。根据经典转换，这个速度在做相对匀速直线运动的两个坐标系里不应该一样。

M：这只说明，经典转换不适用了，两个坐标系之间的联系肯定是不一样的；我们不能想当然地用这些转换定律来连接坐标和速度。我们必须采用新定律，并从中推导出相对论的基本猜测。我们先别考虑新转换定律的数学表达了，只要接受它和经典的不一样就行了。我们可以简单称呼它为**洛伦兹变换**。这在麦克斯韦方程组中也有体现，就是场的定律在洛伦兹变换中是不变的，正如经典力学定律在经典转换中是不变的一样。想想它在经典物理学中是如何的。我们有了用于坐标的转换定律、速度的转换定律，但是经典力学定律对于两个做相对匀速直线运动的坐标系是一致的。我们曾有空间的转换定律，但是没有时间的，因为时间在所有坐标系中都一样。然而，现在，在相对论中，时间是不一样的。我们有了与经典理论不同的空间、时间和速度转换。但是再一次，自然定律必须在所有做相对匀速直线运动的坐标系中一致。

自然定律必须是不变的，而不是像之前一样，在经典转换中一个样子，在新的转换形式中是另一个样子，这就是所谓的洛伦兹变换。在所有惯性坐标系中，同样的定律都有效，从一个坐标系到另一个坐标系的转换要遵循洛伦兹变换。

O：我相信你的话，但我很有兴趣知道，经典转换和洛伦兹变换之间的差别。

M：最好这样回答你的问题。举出经典转换中的某些特质，我会试着解释它们在洛伦兹变换中是否不变，如果不是，则会说明它们如何变化。

O：如果某时某刻在我的坐标系中发生了一些事，在其他相对于我的坐标系做匀速直线运动的坐标系中，观察者用一个不同的数表示事件发生的位置，当然，时间一样。我们在所有坐标系中使用同一个钟表，无论钟表是否运动，它们都是同步的。这对你来说是否成立？

M：不，这不成立。每个坐标系都必须配备静止的钟表，因为运动会改变钟表的节奏。不同坐标系中的两个观察者不仅会标示出不同的位置，还会标示出事件发生时的不同时间。

O：这意味着时间不再是不变的了。在经典转换中，时间在所有坐标系中总是一样的。在洛伦兹变换中它变了，而且运动方式有点像旧转换中的坐标。我很好奇，距离会如何变化？根据经典力学，硬棍无论是在运动还是静止中，都会保持自身的长度不变。现在，这是否正确？

M：不正确。实际上，根据洛伦兹变换，移动木棍的长度会在运动方向上发生变化，速度越快变化越大。木棍运动得越快，它看起来就越短。但这只在运动方向一致时发生。在我的图3-15中，可以看到移动木棍缩短至一半的长度，这时它的速度大约达到光速的90%。但是，在和运动垂直的方向上，没有这种连带变化，就像我在图3-16里显示的那样。

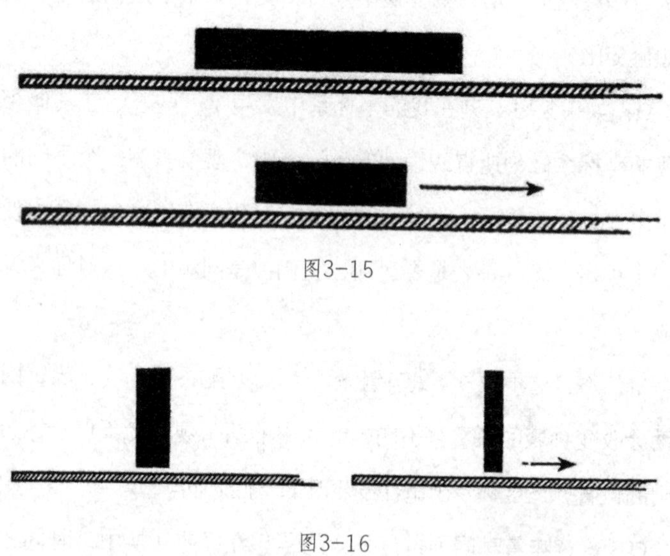

图3-15

图3-16

O：这意味着运动钟表的节奏和运动木棍的长度取决于运动速度。但是如何做到？

M：速度越快，改变就越明显。根据洛伦兹变换，如果速度达到了光速，木棍会缩短到看不见。同样，和经过木棍上的其他钟表相比，运动中的钟表走动的节奏会慢下来，也就是说，如果钟表是以光速运动，就会完全停止，如果这是个“好”表的话。

O：这似乎违背了我们所有的经验。我们知道，车在运动时不会变小，我们也知道司机总是能让自己的“好”表和他路上经过的所有表对上。他们会很赞同这个事实，而这和你说的完全相反。

M：毫无疑问这是对的。但是，这些经典力学上的速度和光速相比太小了，因此，把相对论和这些现象相比是荒谬的。即便速度提高十万倍，每一个汽车司机都能毫无顾虑地应用经典物理学。在趋近光速的实验和经典转换之间，我们能预料到的只有分歧。只有在巨大的速度下，洛伦兹变换的有效性才能得以检验。

O：但还有一个难题。根据经典力学，我能想象出两个物体有比光速还要大的速度。一个物体相对于移动的船以光速做运动，那么它的速度对于海岸来说，就比光速还大。速度达到光速时，会缩小至不见的木棍，它会发生什么？我们实在无法想象，如果速度比光还大会出现负长度。

M：这简直是无稽之谈！从相对论的观点看，物质的速度不可能比光速还大。光速是所有物质体速度的上限。如果一个物体相对于船的速度是光速，那么它相对于海岸的速度也会是光速。加上或减去速度这种简单的经典力学定律已经无效了。而且，更准确地说，它只是在低速中有大致的用处，但是对于近似光速的情形毫无意义。代表光速的数字在洛伦兹变换中是很明确的，而且起着限定情景的作用，就好像经典力学中的无限大速度。这个理论更为一般，不会与经典转换和经典力学起冲突。相反，我们把旧的概念当成是速度很小时的有限案例。从新理论的角度，很清楚就能看出在什么情形中经典力学是有用的，它的局限又在什么地方。把相对论应用在汽车、轮船和火车上太过滑稽，杀鸡焉用牛刀?

相对论与经典力学

相对论是从旧理论中看起来走投无路的、严肃深刻的悖论中产生的。新理论的力量在于解决困难时一致和简洁，它可以解决所有难题，只需很少几步富有说服力的假设。

尽管这个理论脱胎于场的问题，它却能包含所有物理定律。这里看起来有一个问题。场定律一方面是经典力学定律，另一方面又十分特别。根据洛伦兹变换，电磁场方程组是不变的，而经典力学方程组在经典转换中是不变的。但是相对论宣称，所有自然定律必须都不变，而且是根据洛伦兹而非经典转换。后者只是洛伦兹变换一个极限的特例，发生在两个坐标系的相对速度非常小的时候。如果真是如此，经典力学必须改变以符合洛伦兹变换的不变要求。或者，换句话说，当速度趋于光速时，经典力学就不适用了。从一个坐标系转移到另一个坐标系只存在一种变换，就是洛伦兹变换。

改变经典力学比较简单，因为它不仅违反了相对论，也和海量的、在经典力学中通过观察和阐释得到的物质观相矛盾。原有的经典力学只对低速度有效，并成为新理论的有限案例。

用相对论解释经典力学中的某些变化会很有意思。这也许能引导我们得出一些结论，用以证明或证伪。

假设一个物体拥有有限的质量，它正沿着直线运动，而且运动方向受到外力影响。这个力，正如我们所知，和速度变化成正比。或者，更加直白地说，它不会有任何变化，无论这个物体的速度是从每秒100英尺提高到101英尺，还是从每秒100英里提高到100英里又1英尺，再或者是从每秒180 000英里提高到180 000英里又1英尺。作用在特定物体上的力量总是相等，且在相等的时间里，速度变化也一样。

从相对论的观点看，这是真的吗？不可能！这个定律只对低速有效。那适用于极大速度的理论是什么？根据相对论，这个速度越接近光速，就要求有极强的力来产生极大的速度。每秒100英尺增加1英尺和在接近光速的基础上增加1英尺，完全不是一回事。越接近光速，就越难提速。当速度等于光速时，便不可能再有丝毫提高。因此，相对论带来的变化就不奇怪了。光速是所有速度的上限。无论是多大的力，都无法在这个限制上多增加任何一点速度。旧的经典力学定律在处理力和速度变化上又遇到了一个难题。从经典力学上看，一切都很简单，因为在所有观察中，我们遇到的速度远小于光速。

一个物体在静止状态拥有的确定质量，称为**静止质量**。从经典力学可知，任何物体都会抗拒运动的改变，质量越大，抗拒越大；质量越小，抗拒越小。但是在相对论中，我们知道的更多：物体对运动的抗拒不仅和静止质量正相关，还和速度正相关——速度趋近光速的物体将对外力有十分强大的抵抗。在经典力学中，给定物体的抵抗性是不可变的，除非质量改变。在相对论中，它同时取决于静止质量和速度。当速度趋近光速时，抵抗性会变得无穷大。

上述结果让我们可以在实验中检验理论。趋近光速的弹丸，会像理论预测的那样抵制外力作用吗？因为相对论陈述的是某种定量特征，我们就可以证实或者反对这个理论，只要能让弹丸的速度接近光速。

实际上，我们发现了有这样速度的自然弹丸。放射性物质的原子，比如说镭原子，起着在炮弹中发射巨大速度的弹丸的作用。无须深究细节，我们可以只引用当代物理学和化学中非常重要的一个观点——宇宙中的所有物质都由少数几种基本粒子组成。就好像一个城镇的房子，看起来有各种各样的形式、结构和建造，但是从窝棚到摩天大楼，只用了几种不同的砖头，所有建筑都一样。所以，物质世界已知的所有元素——从最轻的氢到最重的铀——都是由相同的几种砖块组成，也就是相同的几种基本粒子。最重的元素、最复杂的建筑都是不稳定的，而且它们会瓦解——用物理术语来说是放射。放射性原子是由某些砖块，也就是基本粒子，构建起来的，有的时候会抛掷出巨大速度的粒子，接近光速。根据先前的观点和大量实验证实，一个元素的原子，比如说镭，结构很复杂，而放射性衰变是说明原子是由简单的砖块——基本粒子构成的一个表象。

通过十分巧妙且复杂的实验，我们可以发现粒子抵抗外力作用的方式。实验显示，这些粒子的抵抗取决于速度，正如相对论预测的。在许多其他粒子中，可以检测到抵抗程度与速度的关系，在理论和实验上完全一致。我们再一次看到了科学创造性工作的关键特征：通过理论预测某种事实，然后用实验证实它们。

这个结果说明了更为重要的普遍情形。静止状态的物质有质量但没有动能，也就是运动的能量。运动的物体拥有质量和动能，它抵抗速度变化的能力比静止物体更强。似乎运动物体抵抗能力会随着动能的增加而增加。如果两个物体的静止质量相同，有更大动能的物体对外力作用的抵抗会更强。

想象一个装满球的盒子，盒子和球在坐标系中都是静止的。要移动它，就是提高它的速度，需要一些力。但是，与另一个装满了快速且四处滚动的球——就像是气体的分子，而且平均速度接近光速的盒子相比，如果要在相同的时间里提高同样的速度，这两个力会一样吗？后者将需要更大的力，因为球的动能增加了，提高了盒子对速度变化的抵抗。能量，任何程度的动能，都会像静止质量一样抵抗运动的变化。对于所有能量来说都是这样的吗？

相对论从基础假设中推导出了清晰且有说服力的回答，这个答案同样是定量的：所有能量都抵制运动变化；所有能量的行为都像物质；同一块铁皮在灼热时的重量高于冷却时的重量；辐射穿过空间，产生于太阳，包含了能量，从而也拥有了质量；太阳和所有放射星体都会通过产生辐射而失去质量。这个具有普遍性的结论，是相对论的重要成就，也符合所有经检验的事实。

经典物理学介绍了两个基础：物质和能量。前者有重量，后者却没有重量。在经典物理学中，我们有两种守恒定律：物质是一种，能量是另一种。我们曾经问过，当代物理学是否还持有两种物质和两种守恒定律的观点。回答是：否。根据相对论，质量和能量没有关键差别。能量有质量，质量代表能量。相比于两种转化守恒定律，我们只有一种，就是物质-能量。新的观点在物理学进一步的发展中被证明是极其成功且成果丰硕的。

为什么能量有质量、质量代表能量的事实在那么长时间里都面目模糊呢？灼热铁片真的比冷却铁片更重吗？现在，这个答案是“是”，但是在之前的实验中（见“热是一种物质吗”一节）却被证明是“不是”的。两个答案之间相隔的那几页内容显然不足以解决矛盾。

我们现在面对的难题和之前遇到过的一样。相对论预测的质量变化小到无法测量，即便最灵敏的器械也无法直接测出。能量不是无重量的证据，可以从很多间接但是确凿无疑的方式得出。

缺少直接证据的理由是，物质和能量之间的转换幅度非常小。能量与质量相比，就像是贬值货币与兑换高价值货币比较。有一个更明显的例子。可以把3万吨的水变成水蒸气的热量，重量却大概只有1克！长久以来都认为能量是无重量的，只是因为它的质量非常小。

旧的能量-物质关系是相对论的第二个牺牲品。第一个是传播光波的介质。

相对论的影响远远超出了产生这个理论的问题。它移走了场论里的难题和矛盾组成的大山，组成了更为普适的力学定律，把两种守恒定律合并成一个，改变了我们对绝对时间的概念。它的有效性不再局限于物理学的一个领域，它已组成了包括所有自然现象的更广泛的框架。

时空连续体

“1789年7月14日，法国大革命开始于巴黎。”这句话点明了事件的空间和时间。第一次听到这句话，不知道“巴黎”是什么意思的人可以得知：那是一个在地球上早就建成的城市，位于东经2°，北纬49°——这两个数字可以在地球上界定这个位置。而“1789年7月14日”则是事件发生的时间。在物理学中，事件发生的精确时间和空间是非常重要的，甚至远远超过历史，因为这些数字组成了定量描述的基础。

出于简化，我们在之前只考虑了直线运动。有起点但是没有终点的硬棍是坐标系，我们可以保留这个限制。从棍子上取不同的两点，它们的位置只能由一个数字表示，也就是这个点的坐标。说一个点的坐标是7.586英尺，意味着它距离棍子的起点为7.586英尺。反过来，如果给定了任意数字和单位，我总能找出数字在棍子上对应的位置。我们可以说：棍子上明确的点都对应一个数字，数字也总是对应一个点。这个事实用数学表达是：棍子上的所有点组成了一个**一维连续体**。棍子上的每一点附近都存在任意的点。我们可以用任意小的距离连接起两个远远相隔的点。因此，连接两点之间的距离可以任意小是连续体的特性。

再看另一个例子。我们有一个平面，如果你喜欢更实在的东西的话，它可以是方形桌子的表面。桌面上点的位置可以用两个而非一个数字代表，正如之前一样。这两个数字是距离桌子垂直两边的距离，不再是一个数字，而是一对数字对应平面上的每个点，明确的点对应一对数字（见图3-17）。换句话说：平面是**二维连续体**。平面上存在无数非常接近的点。两个远距离的点可以由无限小段的曲线连接。因此，连接远距离两点的距离可以任意小，每一点都可以用两个数字表示，这也同样是二维连续体的特性。

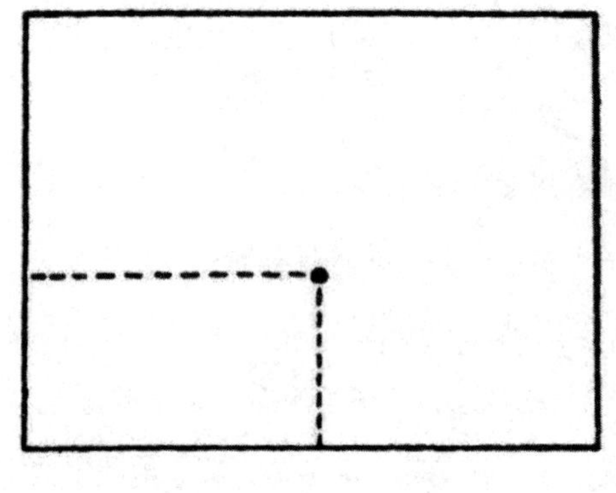

图3-17

还有一个例子。想象你把自己的卧室看成坐标系。这意味着你通过某一物品与墙壁的相对关系描述其位置。灯的端点的位置，假设灯是静止的，就可以用三个数字描述：其中两个测量的是它距离垂直两面墙的距离，第三个数字则是距地面或者天花板的距离。三个确定数字对应空间中的每一个点，空间中的某一点对应三个数字（见图3-18）。这可以表述成：空间是三维连续体。空间任意一个点的附近有无数的点。同样，连接不同两点的距离可以任意细分，每一点都用三个数字表示，这也是三维连续体的特性。

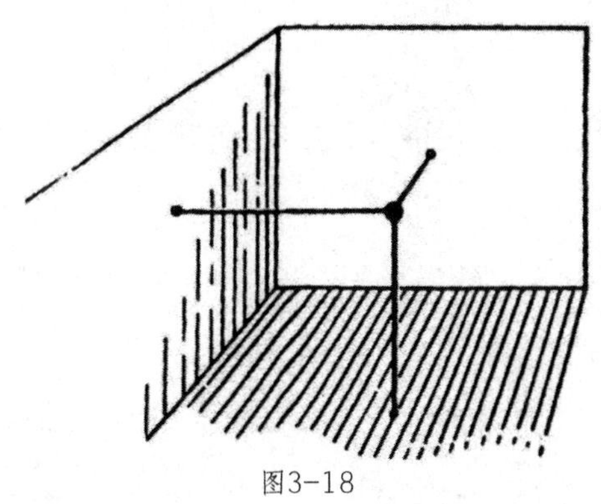

图3-18

但这些几乎脱离了物理学范畴。要回到物理学，必须考虑物质质点的运动。要观察和预测自然事件，我们必须考虑的不仅仅是事件发生时的空间，还有时间。让我们再举一个非常简单的例子。

可以把一小块石头看成一个质点，把它从塔上丢下去。想象塔高256英尺。从伽利略时代开始，我们就能预测石头落下后在任意位置的坐标了。下面有一个“时间表”说明了石头在0、1、2、3、4秒之后的位置。

时间（秒）	距地高度（英尺）
0	256
1	240
2	192
3	112
4	0

表3-1

表3-1中标示的五个事件，每一个事件由两个数字代表，即每个事件的时间和空间坐标。第一个事件是从距地面256英尺处，在0秒时扔下石头。第二个事件是石头在地面以上240英尺处的对应。这在第1秒后发生。最后一个事件是石头落到了地面。

我们可以用不同的方式从“时间表”中获得知识。我们可以把“时间表”中的五对数字看成平面上的五个点。第一步是构建标尺。一个线段对应100英尺，另一个则是1秒。如图3-19：

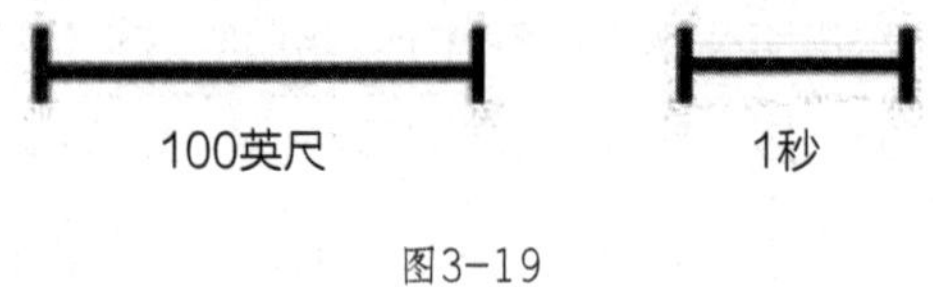

图3-19

接着画出两条垂直的直线，称水平那条为时间轴，垂直那条为空间轴。马上就能看出，“时间表”能由时空平面的五个点来表示。

离空间轴的距离代表时间坐标，就是“时间表”的第一栏显示的；距时间轴的距离则是它们的空间坐标（见图3-20）。

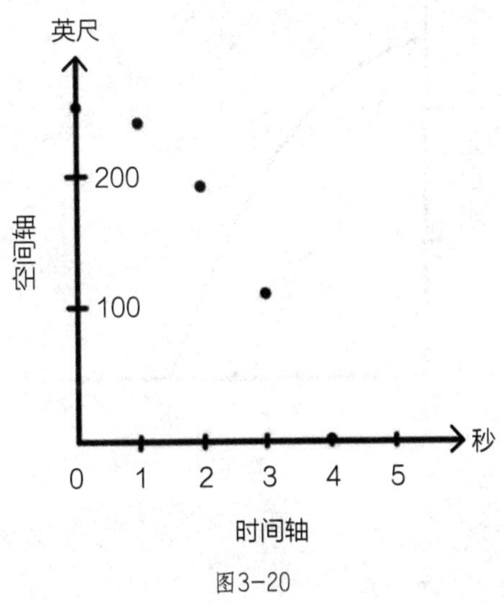

图3-20

同样的事情由两种不同的方法表达出来：“时间表”和平面上的点。每一个都能从另一个构造出来。对这两种表达方式的选择纯属个人爱好，因为它们实际上是一样的。

现在，让我们往前一步。想象一个更好的“时间表”，不止给出了每一秒的位置，还有每百分之一甚至千分之一秒的位置。这样在时空平面上会有非常多的点。最后，如果每个时刻的点都给定了，或者用数学的方法说，如果时空坐标都给定了，那么这一系列的点会成为连续的线。图3-21表示的就不再是先前那样的片段，而是对运动的完整认识。

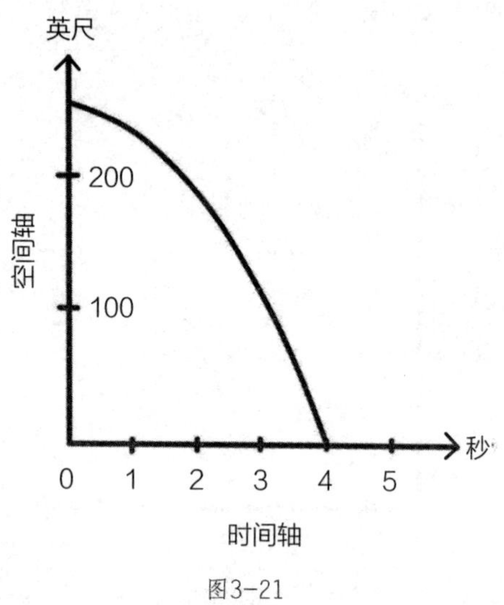

图3-21

沿着硬棍（塔）的运动，一维空间中的运动，在此以二维时空连续的曲线表示出来。在时空连续体中，每个点都对应一对数字，一个数字显示时间，另一个是对应的空间。反之亦然，时空平面的任何一点都对应一组界定了事件的数字。相邻两点代表两个事件，它们发生在稍有不同的空间和时间。

你也可以反驳这样的表示：用线段表示时间单位，再把它和空间经典力学连接，从两个一维连续体中组成二维连续体，不过这个意义并不大。但如此，你可能就要抗议所有图表了，比如，纽约在去年夏天的气温变化，或者是反对那些代表了过去几年生活消费变化的图，因为这些例子用的方法一模一样。在温度图中，一维温度连续体和一维时间连续体组成二维的温度-时间连续体。

让我们回到从256英尺高塔上扔下质点的问题上。运动图是有用的常规工具，因为它界定了粒子在任意时刻的位置。知道粒子是如何运动的之后，我们就能够再次画出它的运动。有两种方法可以做到。

还记得粒子在一维空间中随着时间变化位置的图。我们把这个运动画成一维连续空间中的系列事件。我们没有混合时间和空间，而是用了位置随时间变化的动态图。

但我们可以用不同的方式画出相同的运动。可以建立静态图，考虑二维时间-空间连续体中的曲线。现在，运动表现为某种存在于二维时间-空间连续体中的东西，而不是在一维连续空间中改变的东西。

这两种图是完全一致的，更倾向哪一个仅仅是出于便利和喜好。

关于这两幅运动图提到的任何事情都和相对论没有关系。两种表征作用相当，尽管经典物理学家更喜欢描述运动发生在空间里的动态图，而非存在于时空之中的。但是，相对论改变了这个看法。对静态图的喜爱是显著的，而且用存在于时空的事物表现出运动的方法，更加方便，对现实的再现也更客观。我们还是得回答这个问题：为什么这两幅图在经典物理学看来是等同的，而在相对论看来却不同？

如果把做相对匀速直线运动的坐标系纳入考虑，就能理解原因了。

根据经典物理学，在做相对匀速直线运动的两个坐标系中，观察者会指定不同的空间坐标，但是对同样的事件，时间坐标是一样的。因此在例子中，质点和地面的对应位置，是由选定的坐标系标志的，时间坐标是“4”，空间坐标是“0”。根据经典力学，对于相对选定坐标系匀速运动的观察者来说，这一块石头会在4秒之后落到地面。但是这个观察者会把位置对应到自己的坐标系上，因此，通常来讲，会用不同的空间坐标联系坠落时间，尽管时间坐标会是一样的，而且所有其他观察者也都做相对匀速直线运动。经典物理学只知道用于所有观察者的“绝对”时间流。对于每一个坐标系，二维连续体可以拆分成两个一维连续体：时间和空间。因为时间的“绝对”特质，从运动的“静态图”转变成“动态图”，对于经典物理学而言就有着客观意义。

但是我们早已认定，经典转换一定不能用于广义物理上。从现实角度看，在低速中它还是好的，但并不能解决根本的物理问题。

根据相对论，石头的下坠时间并非对所有观察者都一致。时间坐标和空间坐标在两个坐标系中将有区别，如果相对速度趋近光速，时间坐标的变化会极为显著。二维连续体不能像经典物理学那样拆分成两个一维连续体。在测量另一个坐标系的时空坐标中，绝不能分开考虑空间和时间。从相对论角度看，把二维连续体拆分成两个一维连续体就像是一个没有实际意义的随意过程。

把所有讲过的运动例子概括为并非严格意义上的直线运动是很简单的。实际上，描述自然事件要用四个而不是两个数字。物理空间通过客观物质构想出来，物质的运动是三维的，位置则是由这三个数字界定。事件的时间则是第四个数字。四个明确的数字对应每一个事件，确定的每一个事件对应四个数字。故而，世界上的事件组成了**四维连续体**。这没什么神奇的，最后一句话对经典物理学和相对论同样正确。再一次，要考虑两个做相对匀速直线运动坐标系显示出的差别。房间在运动，里面和外面的观察者在测量同一事件的时空坐标。又一次，经典物理学把四维连续体拆分成了一个三维空间和一个一维时间连续体。老派物理学家只关心空间转换，时间对他们而言是绝对的。他们发现把四维世界连续体拆分成空间和时间是十分自然而且方便的。但是从相对论的观点看，从一个坐标系到另一个坐标系，时间和空间一起改变了，而且洛伦兹变换研究的就是在事件在四维世界、四维时空连续体中变换的特质。

事件的世界也可以用动态图描述，随着时间变化，石头扔到了三维空间的地面上。但也可以用静态图描述，把石头扔到四维时空连续体的地面上。对经典物理学而言，动态和静态是等同的。但是从相对论角度，静态图更方便也更客观。

即便是在相对论中，我们还是可以使用动态图，如果喜欢的话。但是必须记住，区分时间和空间没有实际意义，因为时间不再是“绝对的”。在接下来的内容里，我们还会用“动态”而非“静态”语言，但是要把它的局限牢记于心。

广义相对论

还有一个问题需要说明。最基础的一个问题还没有解决：真的存在惯性系吗？我们已经学习了自然定律的某些内容，根据洛伦兹变换它们是不变的，而且对所有做相对匀速直线运动的惯性系有效。我们有定律，却对定律使用的框架一无所知。

要想对这个难点有更多认识，我们可以采访一个经典物理学家，问他一些简单的问题：

“什么是惯性系？”

“这是一个坐标系，在其中所有经典力学定律都有效。没有外力作用的物体在这样一个坐标系中会做匀速直线运动。这是能让我们把惯性坐标系和其他坐标系区分开的特质。”

“这是否意味着没有外力作用在物体上？”

“它只是意味着，物体在惯性坐标系中做匀速直线运动。”

我们可以再次提出那个问题：“什么是惯性坐标系？”但由于获得与上述答案不同的机会很渺茫，我们还是试着得到更实际的信息吧，可以改一下问题：

“与地球严格连接的坐标系是惯性坐标系吗？”

“不是，因为经典力学定律在地球上并非完全有效，这与地球的转动有关。与太阳严格连接的坐标系在很多问题中都可以当作是惯性坐标系；但是当说到转动的太阳时，我们还是发现，和太阳相连的坐标系也不能作为严格的惯性坐标系。”

“那么，具体来说，你的惯性坐标系是什么？它的运动状态是如何选出的？”

“这只是一个有用的假设，我也不知道该如何实现它。如果我能远离所有物质体，让自己免于所有外部影响，那我的坐标系将会是惯性的。”

“你说的免于所有外部影响的坐标系是什么意思呢？”

“我的意思是这个坐标系是惯性的。”

又回到最初的问题了！

这个对话揭示了经典物理学的巨大难题。我们有定律，但是对使用定律的框架一无所知，整个物理学结构就像是空中楼阁。

可以从不同的角度解决这个难题。试着想象，在整个宇宙之中只有一个物体，它组成了坐标系。这个物体开始旋转。根据经典力学，转动物体的物理定律和非转动物体的定律是不一样的。如果惯性原理在一个情形中适用，那么在另一个情形中就不适用。但这一切听起来不太可信。可以把整个宇宙的运动看成一个物体的运动吗？说到一个物体的运动，总是意味着它是相对于另一个物体的位置变化。因此，只有一个物体运动的说法违背了常识。经典物理学和常识强烈反对这个观点。牛顿的处方是：如果惯性定律有效，那么这个坐标系不是静止的，就是做匀速直线运动的；如果惯性定律无效，那么这个物体处于非匀速直线运动中。据此，我们对运动和静止的裁定取决于所有物理学定律是否适用于给定的坐标系。

以太阳和地球这两个物体为例，我们观察的运动还是相对的。可以把坐标系描述成连接于地球，或者太阳。从这个观点看，哥白尼最伟大的成就在于把坐标系从地球转移到了太阳。但由于运动是相对的，而且可以使用任何相关框架，那似乎就没有什么理由更喜欢某一个坐标系了。

物理学再一次搅动和改变了我们的常识。与和太阳联系的坐标系相比，和地球联系的坐标系更像是惯性系。物理学定律更应该用在哥白尼坐标系而非托勒密[①]坐标系。可以仅从物理学角度欣赏哥白尼发现的伟大之处——它说明了使用与太阳严格联系的坐标系描述行星运动的巨大好处。

经典物理学不存在绝对的匀速直线运动。如果两个坐标系做相对匀速直线运动，那么没有理由说“这个坐标系是静止的，另一个是运动的”。但如果两个坐标系做相对变速运动，也大可以认为“这个物体在运动，另一个是静止的（或者匀速运动）”。绝对运动在这里的含义十分明确。此时此刻，在常识和经典物理学之间有

① 克洛狄斯·托勒密（Claudius Ptolemy，90—168），古罗马数学家、天文学家，主要成就是“地心说”。

着一道鸿沟。提到的这些困难，一个有关惯性系，一个有关绝对运动，二者是紧密相关的。绝对运动只有在惯性系的基础上才有可能发生，在惯性系上，这个自然定律才有效。

看起来似乎这是死循环，好像没有一个物理学理论可以避开它们。它们仅在特殊坐标系也就是惯性系时，才根植于有效的自然定律。解决这些难题的可能取决于回答以下问题：我们能否构建适用于所有坐标系的物理定律，不仅仅是做相对匀速直线运动的，还有那些运动非常随机的坐标系？如果这一点能实现，那么难题就解决了，我们就能把这个自然定律应用在所有坐标系上。早期科学史中，托勒密观点和哥白尼观点的剧烈斗争就会毫无意义。任何坐标系都能用相同的标准来裁决。“太阳是静止的，而地球是运动的”以及“太阳运动，地球静止”这两句话就会毫无差别，仅仅是使用不同坐标系的不同表达。

我们能否建立在所有坐标系中都适用的真正的相对论物理学？或者说，在这个物理学中，没有绝对运动的位置，有的只是相对运动？当然可以！

至少有一个征兆，关于如何建立新的物理学，即便非常微弱。真正的相对论物理学必须应用于所有坐标系，因此，也包括惯性坐标系这一特例。我们早已知道了惯性坐标的定律。新的一般定律要适用于所有坐标系，就必须在惯性系这一特例中推导出历史悠久、广为人知的定律。

构建适用于每个坐标系的物理定律的难题由所谓的**广义相对论**解决了；先前那个只用在惯性系中的理论则是**狭义相对论**。当然，这两个理论不能互相矛盾，因为我们必须把狭义相对论的旧定律看作涵盖惯性系的一般定律。正如先前可以只为某些物理定律而建立惯性坐标系，而它现在只是一个特殊的有限例子，所以也可以建立所有相对无序运动的坐标系。

这是广义相对论的预想。但是起草过程是很复杂的，我们必将比先前更加茫然。科学发展中产生的新问题迫使理论越来越抽象，未知的冒险就在前方。但我们最终的目的向来都是能更好地理解现实。节点渐渐加入联系理论与观察的逻辑链。要扫清理论到实验的路上毫无必要又过于肤浅的假设，要拥抱更广阔的事实，我们必须让链条越来越长。我们的猜想越简单基础，求证的数学工具就越复杂；从理论到观察的距离越大、越细致，就会越复杂。尽管这似乎很自相矛盾，我们还是能说：当代物理学看起来比旧的物理学更简单，因此也会更复杂、精密。我们对外部世界的理解越简单，容纳的事实越多，它就更能体现人类智慧与宇宙的和谐。

我们的新理念很简单：建立适用于所有坐标系的物理学。面对现有重重难关，我们不得不使用和物理学有天壤之别的数学工具。在这里，只要说明进程的实现与两个基本问题的关系就可以：引力和几何。

电梯内外

惯性定律标志着物理学上的第一个伟大成就，实际上，它确实是个起点。这是通过思索理想化实验得到的：一个没有摩擦或者任何外力作用的永远运动的物体。从这个例子开始，及其之后的诸多例子，我们发现了思维创造出的理想化实验的重要性。现在，我们要再一次探讨理想化实验。尽管这很像天方夜谭，但它们确实能帮助我们尽可能地理解相对论，且只需要简单的方法。

先前，我们讨论了做匀速直线运动的房间这个理想化实验。现在，以示区别，我们想象有一个下落的电梯。

想象摩天大楼顶端有一个巨大的电梯，这座电梯比任何真实存在的电梯都要高。忽然间支撑电梯的缆索断了，电梯开始向地面自由落体。电梯里的观察者在下落过程中操作实验。描述过程中，无须考虑空气阻力或者摩擦力，因为我们不会在理想状态中考虑它们的存在。一个观察者从口袋里拿出手帕和表，然后扔下去。会发生什么呢？对于正从电梯窗户看内部的观察者而言，手帕和手表会以一模一样的方式落到地面，也有相同的加速度。我们还记得下落物体的加速度和物体的质量毫无关系，这也是体现重力质量和惯性质量相等的事实。我们还记得，经典力学认为重力质量和惯性质量相等不过是个意外，这在经典力学的结构里没有立足之地。然而，在这里，对下落物体具有相同的加速度的说明对形成整个理论至关重要。

回到下落的手帕和表。对于外部观察者而言，它们都以相同的加速度下落。电梯也是如此，它的墙壁、天花板和地板都在下落。因此，这两个物体和地板的距离没有改变。对于内部观察者而言，这两个物体保持在他松开它们时的那个位置。内部观察者也许会忽视重力场，因为重力场的源头在他坐标系的外面。他发现，电梯内部没有力作用在这两个物体上，而它们处于静止状态，就像在惯性坐标系中一样。真是古怪！如果观察者把物体往任意方向推动，无论是向上还是向下，它总是会做匀速直线运动，就好像它不会随着电梯的天花板或者电梯下落。简单地说，经典力学定律对于电梯内部的观察者是有效的。所有物体的运行方式都像惯性定律预料的那样。我们的新坐标系与自由下落的电梯严格联系，只有在这个方面，它和惯性坐标系不一样。在惯性坐标系中，没有力作用的运动物体会永远做匀速直线运动。经典物理学中的这个惯性坐标系，在空间和时间上都没有局限。电梯中的观察者的例子却是不一样的。他的坐标系的惯性特征在空间和时间上有限制。或早或晚，这个做匀速直线运动的物体会随着电梯落地，从而被破坏。或早或晚，整个电梯都会砸向地面，摧毁观察者和他们的实验。这个坐标系只是真实惯性坐标系的“口袋版”。

这个坐标系的位置十分重要。如果想象电梯靠近北极、远离赤道，从北极扔下手帕和从赤道扔下表，在外部观察者看来，它们的加速度将不一样；那样就无法相对静止了。我们所有的观点就都不成立了！电梯的尺寸也必须是有限的，这样外部观察者才能认定，所有物体的相对加速度是相等的。

在此类限制下，对内部观察者来说，坐标系有了惯性特征。我们至少可以说，在这个坐标系中所有物理定律都有效，尽管它在时间和空间上都是有限的。如果我们再想象一个坐标系，一个相对于自由落体电梯做匀速直线运动的电梯，那么两个坐标系无疑都是惯性的。在其中，所有定律完全一致。从一个到另一个的转换符合洛伦兹变换。

我们来看看内外部的观察者都是怎么描述电梯里发生的事情的。

外部观察者注意到电梯及其内部所有物体的运动，并且发现它们都符合牛顿的万有引力定律。对他而言，运动不是匀速的，而是加速的，这是因为地球引力场的作用。

然而，在电梯里的科学家将会有截然不同的推论。他们会相信自己是处于惯性系中，而且把所有自然定律都和电梯联系起来，并且理直气壮地宣称，在他们的坐标系中，定律出奇的简单。自然而然地，他们认定电梯是静止的，而他们的坐标系是惯性坐标。

不可能弥合外部观察者和内部观察者的分歧。双方都能证明自己坐标系里的所有事件。这两种对事件的说明都是逻辑自洽的。

从中可以看出，在两种不同的坐标系中，物理现象的自洽描述是可能的，就算它们并不是做相对匀速直线运动的坐标系。但是对于这样的描述，我们必须考虑到重力——按照建筑的说法，这是“桥梁”——会影响从一个坐标系到另一个坐标系的转换。对于外部观察者而言存在引力场，但是对内部观察者不存在。电梯在引力场中的加速运动对外部观察者是存在的，对内部观察者则存在静止和引力场缺失。但是“桥梁”，也就是使两个坐标系的描述都能成立的引力场建立在一个非常重要的基石之上：重力质量和惯性质量一致。没有这个线索，我们现在的观点就面临完全失败，而这个线索在经典力学中被忽视了。现在，说一个有点不一样的理想实验。那就是，假设在一个惯性坐标系中，惯性定律有效。我们早就描述过，在这样一个惯性坐标系中的电梯里会发生什么。但现在，稍加改变。外面的某个人在电梯上牢牢地系了条绳子，而且以固定的力量拉动电梯，方向如图3-22所示。至于如何做到是无关紧要的。由于经典力学定

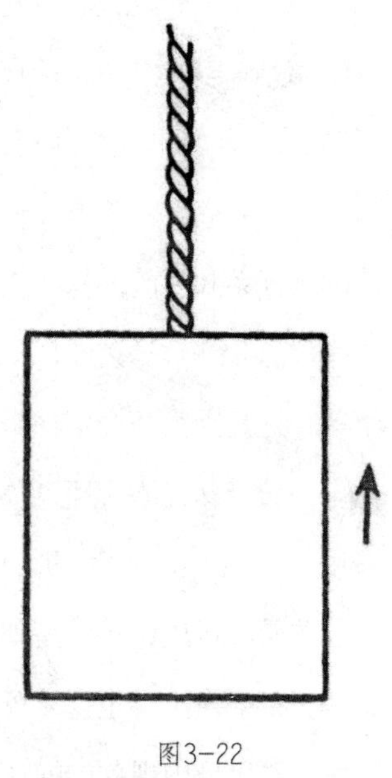

图3-22

律在这个坐标系中有效，整个电梯就会以固定的加速度在运动方向上运动。我们得再看看内外部观察者对电梯内部现象的解释。

外部观察者：我的坐标系是惯性坐标系。电梯以恒定加速度运动，因为有一个恒力在起作用。内部观察者处于绝对运动中，对他们来说，经典力学定律无效。他们不会发现在静止的物体上有力在起作用。如果一个物体自由落下，它很快就会落到电梯的地板上，因为地板是朝着物体的方向运动的。在表和手帕上也会发生一模一样的事情。我觉得古怪的是，在电梯里的观察者必须一直在"地板"上，因为一旦他跳起来，地板会再一次迎上他。

内部观察者：没有任何理由相信电梯是在做绝对运动。没错，我的坐标系和我的电梯严格联系，也不是真正的惯性坐标系，但我不相信这和绝对运动有任何关系。我的表、手帕还有所有物体都在下落，这是因为整个电梯是引力场。这和地球上的人观察到的运动完全一样。人们的解释非常简单，这是引力场的作用。这对我也适用。

这两种描述，一种是外部观察者提供的，另一种则来自内部观察者，都很自洽，也毫无可能决断究竟哪一个是对的。我们也许能认定，对电梯内现象的描述非此即彼：要么正如外部观察者所说，是非匀速运动和引力场缺失；要么根据内部观察者的看法，就是静止状态以及存在引力场。

外部观察者也许会认定，电梯处于"绝对"的非匀速直线运动中。但是，一个假设起作用的引力场被排除的运动无法被看成绝对运动。

也许有一种办法可以解决这两种迥然不同的描述的分歧，并判断究竟哪一个更好。想象一束光水平进入电梯，它穿过侧面的窗户，并在极短时间里到达对面的墙壁。我们再来看看这两个观察者会如何预测光的路径。

相信电梯加速运动的**外部观察者**会说：光束进入窗户，并且沿直线水平运动，速度恒定，直达对面的墙壁。但是电梯在上行，在光抵达墙壁的时间里，电梯的位置变了。因此，光到的点不会和进入那个点的对面完全吻合，而是稍微低一点。区别会非常微小，但依然存在，而且光线相对于电梯的运动，不是沿着直线，而是沿着微微弯曲的线（见图3–23）。这个区别是因为，光束穿过内部时，电梯移动的距离。

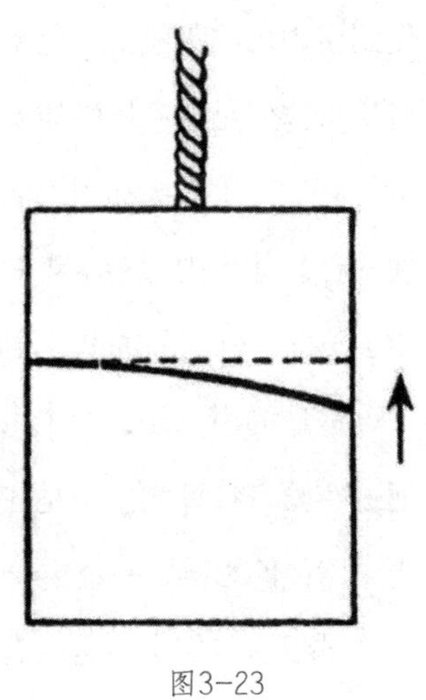

图3–23

相信引力场作用在电梯内部所有物体的**内部观察者**会说：电梯没有加速运动，只有引力场的运动。光束是没有重量的，因此，将不会受到引力场的影响。如果是在水平方向射来的，那它在对面墙壁的印记，就会和进入的那个点完全一样。

看起来，有可能在两个相反的观点中做判断了，因为对于两个观察者而言现象将会不同。如果在上述解释中，两个都没有道理，那么我们所有的观点就都崩塌了，也无法用这两种自洽的方式解释所有现象，无论有没有引力场。

但幸运的是，内部观察者的推论里，有一个严重的错误，它拯救了我们先前的结论。他说："光束是没有重量的，因此，将不会受到引力场的影响。"这不可能正确！一束光携带有能量，而能量有质量。但是所有惯性质量受引力场吸引，因为惯性质量和重力质量等同。一束光会在引力场中弯曲，这和以光速水平扔出的物体一模一样。如果内部观察者做了正确的推论，也考虑到光束在引力场中会弯曲，那么他的结论会和外部观察者的一模一样。

地球的引力场，对于弯曲地球上的光束来说太微不足道，无法通过实验直接证实。但是在日食时操作的著名实验显示出引力场对光束路径的影响，一锤定音，虽然是间接证明。

循着这些例子，是很有希望建立起相对论物理学的。但是，为此我们必须首先攻克引力的问题。

从电梯例子中，我们看到了两种描述的一致性。非匀速直线运动也许可以、也许不可以被认可。我们可以通过引力场，从例子中排除"绝对"运动。但这样的话，在非匀速直线运动中就没有什么是绝对的了。引力场可以把一切排除干净。

我们可以从物理学中驱逐掉绝对运动和惯性坐标系的幽灵了，

新的相对论物理学已经建成。理想化实验说明，广义相对论和引力是如何密切联系的，以及为什么重力质量和惯性质量一致对这个联系至关重要。很明显，解决引力问题的方法在广义相对论中必须和牛顿经典力学中的不一样。万有引力定律必须和所有自然定律一样，为所有可能的坐标系而设。然而，牛顿建立的经典力学定律，只适用于惯性坐标系。

几何与经验

接下来的例子会比下落电梯的例子更加不可思议。我们必须面对一个问题，就是广义相对论和几何的联系。先从对只有二维生物世界的描述开始吧，它不像我们的世界生活的是三维生物。电影是很熟悉的例子，二维生物在二维屏幕中活动。想象这些影子人物，也就是屏幕里的演员，是真实存在的，他们有能力思考，可以创造自己的科学，二维屏幕就是他们的几何空间。这些生物没办法想象三维空间的细节，就好像我们无法想象四维空间的存在。他们可以扭曲直线，他们知道圆是什么，但是无法构造球体，因为这意味着得舍弃他们的二维屏幕。我们正处于相似的位置。我们可以改变曲线和平面，但几乎无法想象一个变形、扭曲的三维空间。

经过生活、思考、实验之后，影子人物终于精通了二维欧氏几何的知识。从而他们可以证明三角形内角之和是180°。他们可以构造出两个同心圆，一个非常小，一个大一些。他们可以发现这两个圆的周长比例等于它们的半径比例，这个结果也是欧氏几何的特征。如果屏幕无穷大，这些影子们将会发现，一旦开始直线前进，他们永远回不到起点。

现在，想象这些二维生物生活的情形有了变化。想象一个从外部——“第三维度”来的人，他把屏幕变成了半径巨大的球体表面。如果这些影子相对整个平面而言非常小，如果他们没有远程交流的工具，也去不了太远的地方，那么他们将意识不到任何变化。小三角形内角的和依然是180°，两个同心圆的半径和周长比依然相等，沿着直线行走也永远回不到起点。

但是随着时间流转，让这些影子人开始发展他们的理论和科技，让他们发现能在远隔千里外自如交流的工具。他们会发现，开始了直直往前的旅程后，最终会回到离开的那个点。“直直往前”意味着沿着球体的大圆走去。他们还会发现，两个同心圆的比例并不等于半径比例，如果这两个圆大小悬殊。

如果二维生物很守旧，如果他们在过去世世代代中都学习了欧氏几何，那个时候他们还无法远距离旅行，而这个几何符合观察到的事实，他们确定无疑会用尽一切办法来保住这个理论，无视测量出的证据。他们会试着让物理学背负差异的责任。他们会找出一些物理上的理由，比如说，是温度的差异使直线变形，导致偏离了欧氏几何。但是，或早或晚，他们必将发现，有更加合理、更有说服力的方法能解释这些现象。他们最终都会理解，自己的世界是有限的，还有和他们所学不一致的几何原理。他们将明白，尽管无法想象，他们的世界都只是球的二维表面。他们很快就会意识到，虽然新的几何原理和欧氏几何不一致，但对他们的二维世界而言，却能以同样自洽和逻辑的方式形成。对于接受球体几何成长起来的新一代来说，旧的欧氏几何看起来更复杂、更不真实，因为它并不符合观察到的现实。

让我们回到当下世界中的三维生物上来。

什么叫作三维空间具有欧氏特征？意思是，欧氏几何所有合理证明过的结论，都能通过现实实验证明。我们可以借助固态物体或者光束，构建出对应于欧氏几何的理想化物体。尺子的边缘或者光束对应直线；细棍组成的三角形内角之和是180°；由不可弯折的金属丝构成的两个同心圆，它们的半径和周长比值一致。如此解释，欧氏几何就成了物理学的一部分，尽管非常简单。

但是我们可以想象发现的差异。比如，棍子组成的大三角形内角之和并不是180°，这些棍子不管在什么意义上都是坚硬的。既然我们已经使用了这个思路，即用具体的物件来代表欧氏几何的对象，那我们就有可能找出某些物理上的力，它导致棍子发生了不可预期的变形。我们应该尝试找出这种力的物理属性，以及它对其他现象的影响。要拯救欧氏几何，我们就得归咎于不是严格坚硬的物件，是它们没有严格对应欧氏几何的要求。我们应该试着找出更好的象征物体，要符合欧氏几何的预期。但是，如果无法把欧氏几何和物理学成功合并进简单、自洽的框架中，就得放弃空间是欧氏的这个念头，并找出一个更有说服力的现实解释，这个解释得符合对空间几何特征更广义的假设。

这一必要性可以用一个理想化实验说明，它显示出真正的相对论物理学不能建立在欧氏几何的基础上。我们的观点将说明早已知道的惯性坐标系和狭义相对论的结果。

想象一个很大的圆盘，上面放了两个同心圆，一个非常小，一个非常大。圆盘迅速转动（见图3-24）。圆盘相对外部观察者在旋转，圆盘里面有一个观察者。我们进一步假设，外部观察者的坐标系是惯性的。外部观察者也许会在自己的惯性坐标系中，画出这两个圆，一大一小，且是静止的，和转动圆盘中的圆一致。在他的坐标系里，欧氏几何是有效的，因为那是惯性坐标系，所以，他会发现圆周比例等于半径比例。圆盘里的观察者又如何呢？从经典物理学和狭义相对论的角度看，他的坐标系是被抛弃的。但如果我们执意要找出在任何坐标系中都有效的物理定律，就必须以同样的严谨对待圆盘内外的观察者。

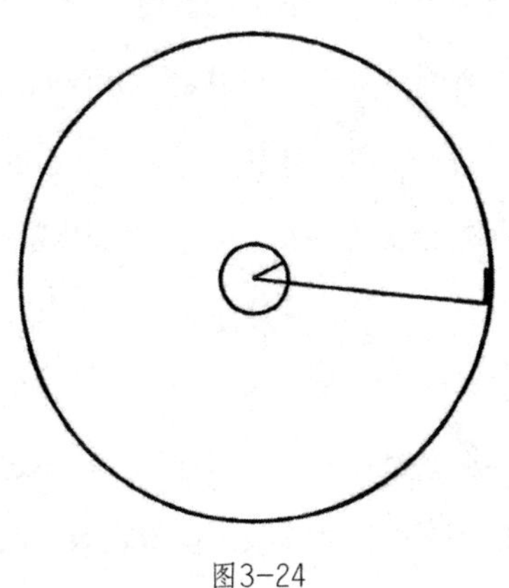

图3-24

我们正从外部观察内部观察者，他通过测量试图找出转动圆盘的圆周和半径。他用的测量小棍和外部观察者用的一样。“一样”并不意味着是同一根，不是外部观察者递给内部观察者的，而是说在同一个坐标系中，这两根棍子在静止状态下的长度一致。

圆盘内部的观察者开始测量小圆的半径和周长。他的结果必然和外部观察者的一致。圆盘转动的轴穿过圆心。圆盘靠近圆心的部分，速度很小。如果这个圆足够小，我们大可无视狭义相对论，应用经典力学定律。这意味着，对于内外观察者来说，棍子的长度一致，因此两个测量的结果也是一样的。现在，圆盘里的观察者在测量大圆的半径。放在半径上的棍子在移动，对于外部观察者而言是这样的。然而，这根棍子不会收缩，对于两个观察者来说长度还是一样的，因为运动方向和棍子垂直。所以，两个观察者的三个测量结果都一样：两个半径和小的圆周。但是，第四个测量值并非如此！大圆周的长度对两个观察者来说是不一样的。放在这个圆周上的棍子在运动的方向上，对外部观察者来说，是相对于他自己静止的棍子在收缩。内圆的速度越大，这种收缩就越要考虑。因此，如果我们应用狭义相对论，结论会是：大圆周的长度必定不同，如果是由两个观察者测量的话。既然两个观察者测量的四个长度中，有一个是不一致的，那么两个半径与圆周的比例不可能相等，这对内部观察者和外部观察者都是成立的。这意味着，圆盘上的观察者不能证实欧氏几何在自己的坐标系上是有效的。

得到这个结果之后，圆盘上的观察者可以说，他不想考虑欧氏几何不适用的坐标系。欧氏几何的崩溃是由于绝对旋转，基于这个事实，他的坐标系是糟糕的、被抛弃的。但是，如此反驳时，他已经拒绝了广义相对论的原理。从另一方面看，如果我们想拒绝绝对运动并保留广义相对论的理念，那么物理学必须建立在比欧氏几何更广泛的几何基础上。如果要容纳所有坐标系，不可避免会产生这样的后果。

广义相对论带来的变化不能局限于空间。在狭义相对论中，每个坐标系中都有钟表，它们的节奏一样而且同步，也就是会同时显示同样的时间。钟表在非惯性坐标系中会发生什么呢？要再一次用到圆盘的理想化实验。外部观察者在自己的惯性坐标系中有完美的钟表，所有钟表的节奏一致而且同步。内部观察者有两个这样的钟表，一个放在小的内圆上，一个放在大的外圆上。内圆表的速度相对外部观察者来说非常小。我们从而可以放心大胆地得出结论：它的节奏和外部观察者的钟表的一样。但是大圆上的表的速度就很可观了，相比外部观察者的表，它的节奏变了，因此，相对小圆上的表也一样。据此，这两个转动的表就会有不一样的节奏，应用狭义相对论的结果，我们再一次发现，在转动坐标系中没有任何设置和惯性坐标系中的类似。

要厘清从这个和前述理想化实验中能得到的结论，我们得再一次引用老派物理学家O和当代物理学家M的对话，O相信经典物理学，而M了解广义相对论。O是外部观察者，处于惯性坐标系中，而M则在转动的圆盘里。

O：在你的坐标系里，欧氏几何是无效的。我看了你的测量，也同意在你的坐标系中，圆周比不等于半径比。但这说明你的坐标系是被抛弃的那个。而我的坐标系，具有惯性坐标系的特征，所以可以稳当地应用欧氏几何。你的圆盘处于绝对运动，从经典物理学角度看，形成了被抛弃的坐标系，经典力学定律在里面是无效的。

M：我不想再听到任何和绝对运动有关的事情了。我的坐标系和你的一样好。我注意到的只是你的坐标系相对我的圆盘在旋转。没有人可以禁止我把所有运动相关到我的圆盘上。

O：但你不觉得有一种奇怪的力在把你推出圆盘中心吗？如果你的圆盘不是一个转动中的旋转木马，你观察到的那两件事绝对不会发生。你要是没注意到把你往外推的力，那也不会发现欧氏几何在你的坐标系中不适用。这些事实是否足以说服你，你的坐标系是处于绝对运动中呢？

M：完全不能！我当然注意到你说的这两个事实，但在圆盘里，有一个对它们都起作用的奇怪引力场。这个引力场指向圆盘外部，既扭曲了硬棍，也改变了钟表的节奏。引力场、非欧氏几何、节奏不同的钟表，这些对我来说都是密切相关的。接受任意坐标系的同时，我也必会假设存在一个合适的引力场，它对硬棍和钟表都有影响。

O：但你意识到广义相对论带来的困难了吗？我很乐意用不是物理的例子来说得更清楚一些。假设有一个理想化的美国城镇，里面有平行的街道，且东西向和南北向街道垂直。平行街道之间距离相等。在这个假设下，街区的大小完全一样。这样，我可以轻易定位任何街区的位置。但是没有欧氏几何，这种构造是不可能的。因此，只是举个例子，我们不能用一个大一统的理想化美国城镇覆盖整个地球。我们对全球的看法将能说服你。但是我们也不能用这种“美国城镇结构”覆盖你的圆盘。你宣称引力场让棍子变形，但你无法证实半径比和圆周比相等这一个欧氏理论的事实。这也清清楚楚地说明，如果让这种街道结构无限延展，你或早或晚会遇到困难，并发现这在你的圆盘上是不可能的。转动圆盘上的几何就像是一个扭曲的平面，在那里，街道结构自然不可能覆盖足够的表面。再举一个物理学上的例子，用不同的温度在不同的表面无序加热一根小铁棍。你能借助随着温度伸缩的小铁棍，推导出我在图3-25显示的“平行-垂直”结构吗？当然不能！你的“引力场”在棍子上起的就是这种障眼法，就像温度使小铁棍变化一样。

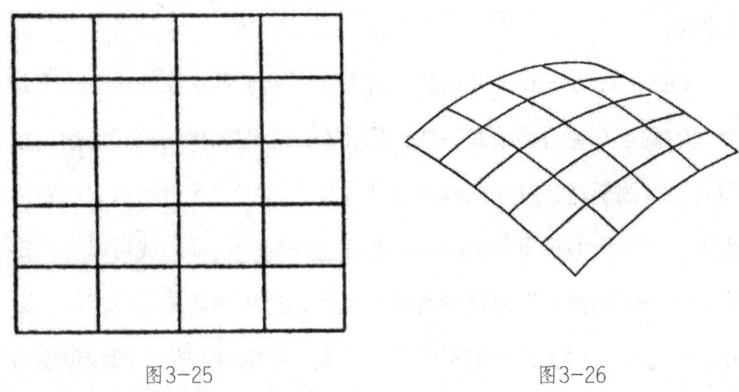

图3-25　　图3-26

M：这一切都吓不倒我。街道构造在确定具体位置上是必须的，就好像用钟表捋清时间。城镇无须是美国的，也可以是古欧洲的。假设，你的理想化城镇由橡皮泥组成，然后变形了。我依然能给街区编号，并且辨认出街道，尽管它们不再是笔直的，距离也不相等。同样，在地球上，可以用经线和纬线标注点的位置，尽管没有“美国城镇”的构造（见图3-26）。

O：但还有一个困难。你不得不使用“欧洲城镇结构”。我同意，你可以理清位置或者事件，但这个结构会混淆所有距离的测量。它无法给你空间的**计量属性**，但我的结构可以。举个例子。我知道在美国城镇中要走过十个街区，我得跨过五个街区的两倍距离。因为每个街区都一样大，所以我可以立刻确定出距离。

M：这是真的。在“欧洲城镇”结构中，我无法通过变形的街区立刻测出距离。我必须知道更多信息，必须知道表面的几何属性。正如人人都知道从0°经线到10°经线的距离，在赤道和北极点上是不一样的。但每个航海家都知道如何测量地球上的这样两个点的距离，因为他知道地球的几何属性。他不仅可以借助球体三角形几何的知识做出测量，也可以凭经验，用相同的速度穿过这两个位置。在你的例子里，整个问题都无关紧要，因为所有街道间隔等距。但是在地球上更加复杂，0°和10°两条经线会在地球极点汇聚，而在赤道上远远隔开。同样，在“欧洲城镇结构”中，我必须知道的东西比你在“美国城镇结构”中需要的更多，才能确定距离。我可以获得这些额外的知识，通过在每个特例中，研究连续体的几何属性。

O：但这一切只不过说明了放弃欧氏几何的简单结构，代之以你一定要用的框架，会有多不方便、多么复杂。这真的有必要吗？

M：我想是的，如果我们想在任何坐标系，而不是神秘的惯性坐标系中应用物理学。没错，我的数学工具要比你的复杂，但是我的物理假设更简单也更自然。

争论一度局限在二维连续体上。广义相对论中的观点还是更加复杂，因为它不是二维的，而是四维的时空连续体。但是这些理念和在二维案例中起草的一样。我们无法在广义相对论中使用经典力学的平行支架、垂直木棍和同步钟表，就如狭义相对论中那样。在任何一个坐标系，我们不能像狭义相对论的惯性坐标系那样借助硬棍、节奏一致的同步钟表来测量事件发生时的位置和时刻。我们依然可以使用非欧氏木棍和乱序的钟表来理清事件。但是，真实测量要求的硬棍、节奏完全一致且同步的钟表，只能在当下的惯性坐标系中操作。因此，整个狭义相对论是有效的，但它的“好的”坐标系只能是某一个，它的惯性特征在空间和时间上都有局限。即便是在任意坐标系中，我们也能预测在这个惯性坐标系中的测量结果。但是要达到这个目的，我们必须知道时空连续体的几何属性。

理想化实验只说明了新的相对论物理学的普遍属性。它们显示出我们的基本问题是引力。它们也告诉我们，广义相对论会将时间和空间概念引向进一步的推广。

广义相对论及其验证

广义相对论试图建立适用所有坐标系的物理定律。这个理论的基本问题是引力问题。这是自牛顿以来，第一次为修正万有引力定律做出的严谨的尝试。这真的有必要吗？我们早就对牛顿理论的成就了然于心，对于建立在万有引力定律基础上的天文成就毫不陌生。牛顿定律依然是所有天文测量的基础，但我们也知道了一些反对这个古老理论的东西。牛顿定律只在经典物理学的惯性坐标系中有效，我们还记得，界定这种坐标系是根据特定的情形，即经典力学定律在其中必须有效。两个物质之间力的大小取决于二者的距离。力和距离的联系，据我们所知，根据经典转换是不变的。但是，这个定律不适用于狭义相对论的框架。根据洛伦兹变换，距离并非不变。但正如成功地把运动定律推广到万有引力定律，我们可以尝试让运动定律适应狭义相对论，或者，换句话说，可以改造它，让它根据洛伦兹变换保持不变，而非依据经典转换。但是，牛顿的万有引力定律顽固地抵制我们的努力，我们无法简化并使它融进狭义相对论的框架中。即便成功了，还得做进一步的努力：从狭义相对论的惯性坐标系进入广义相对论的任意坐标系。从另一方面看，下落电梯这一理想化实验清楚显示，不解决引力问题是不可能建立广义相对论的。从这些观点中，可以看出为什么对引力问题的解决方法，在经典物理学和广义相对论中是不一样的。

我们再一次试图理清通往广义相对论的道路，以及不得不改变已有观念的理由。在深入理论正式的结构之前，我们得把新的引力理论和旧理论相比，看看它有什么特征。把握这些差别不会很难，因为先前都已经说过了。

1. 广义相对论的引力方程组可以应用在任何坐标系上。仅仅为了方便，可以在任何特例中选择特定的坐标系。理论上讲，包括所有坐标系。忽略引力之后，我们会自动回到狭义相对论的惯性坐标系。

2. 牛顿万有引力定律联系的是此时此地物体的运动和同时远处物体的作用。这个定律组成了整个经典力学的范式。但是，经典力学已经崩溃了。麦克斯韦方程组，让我们意识到了自然定律的新范式。麦克斯韦方程组是结构定律。它们联系的是此时此刻发生的事件，和在时间和空间上稍有间隔的事件。它们是描述电磁场变化的定律。新的万有引力方程组也是结构定律，描述的是引力场的变化。提纲挈领地说就是：从牛顿万有引力定律到广义相对论的转变，在某种程度上，类似于从库仑定律的电流理论到麦克斯韦方程组的转变。

3. 我们的世界不是欧几里得式的。世界的几何属性形成于物质和它们的速度。广义相对论的万有引力方程组试图揭开我们世界的几何属性。

让我们暂时假设，已经完成了广义相对论的进程。那我们就不处于猜测与现实相差万里的危险之中了吗？我们都知道，旧有的理论在解释天文观测上多么出色。还有可能构造出新理论和这些观测之间的桥梁吗？每一个假设都必须接受实验的检验，而且任何结果，无论多么有吸引力，只要它们和事实不符，都必须被拒绝。新的引力理论在实验检测前表现如何呢？这些问题可以只用一句话回答：旧的理论是新理论的有限特例。如果引力相对微弱，旧的牛顿定律就会成为新的引力定律很好的近似物。所以，所有支持经典理论的观测也支持广义相对论。我们是从新理论更高的层次上，再次获得了旧的理论。

如果没有更多的观察可以增加对新理论的偏爱，如果它的解释仅仅是和已有的一样好，那么在这两个理论间做出自由选择的话，我们也决定要倾向新的理论。新理论的方程组，从形式的角度看确实更复杂，但是从基本原理的角度看，它们的假设更加简单。绝对运动和惯性系这两个让人惴惴不安的幽灵消失了，重力质量和惯性质量相等的线索不再被忽视，也不再需要引力大小取决于距离这样的假设了。引力方程组具备了结构定律的形式——自场论的伟大成就以来，所有物理定律都要求具备这种形式。

有一些新的推论，尽管不包含在牛顿万有引力定律中，却能从新引力定律中得到。第一，引力场中光线的弯曲，这个已经说过了。现在说明第二个进一步的结论。

在引力微弱的时候，如果旧的理论会服从新的理论，对牛顿万有引力的偏离就会被认为仅仅是由于较强的引力。以太阳系为例。包括地球在内的行星沿着椭圆轨道绕太阳移动。水星是最接近太阳的行星。因为距离最小，太阳和水星之间的引力比太阳和其他任何行星的引力都要强。如果想找出违背牛顿定律的东西，那么最大的机会就是从水星去发现。根据经典理论，水星遵循的轨道和其他行星的轨道类似，只是它更接近太阳。根据广义相对论，其运动应该有细微的差别。不仅仅是水星绕着太阳运动，就连它相对于与太阳相连的坐标系的椭圆轨道也应该在非常缓慢地转动（见图3–27）。

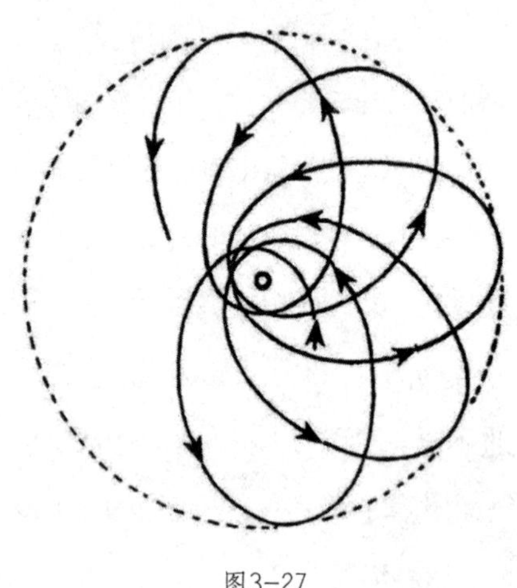

图3–27

椭圆的转动说明了广义相对论的新作用。新的理论预测了这种影响的程度。水星的椭圆完整旋转一周需要300万年！可以看到这个影响是多么微小！要在远离太阳运动的行星中找到它，机会何等渺茫。

水星运动椭圆轨道的偏离早在广义相对论建立之前就为人所知了，但是无法给出解释。另一方面，广义相对论的发展并没有注意到这个特殊的问题。只有在后来，从新的引力方程组中才能得出行星绕太阳运动的椭圆轨道会转动这个结论。就水星而言，广义相对论成功解释了运动偏离牛顿定律的原因。

但是还有一个结论能从广义相对论得出，而且和实验吻合。我们已经见过，放置在转动圆盘大圆上的表和放在小圆上的表，二者的节奏是不一样的。同样，根据广义相对论，放在太阳上的表和放在地球上的表，节奏也不一样，因为引力场在太阳上的影响要比地球上的强得多。

我们在之前的章节中指出，钠灼热时会发出单色的、具有一定波长的黄色光。在辐射中，原子显示出自己的节奏；可以说，原子代表钟表，而且产生的波长是它的一个节奏。根据广义相对论，太阳上的钠原子产生的光波长度，要比地球上的钠原子产生的光波稍微长一点点。

用观察检验广义相对论的结论，这是个复杂的问题，而且尚未定论。既然我们考虑的是原理性的概念，那么就无须深究它的细节，只要说明，实验的结论到目前为止都在证实广义相对论的结论即可。

场和实物

我们见证了经典力学是如何崩溃的。不可能用不可变质点之间的力这个简单的假设来解释所有现象。我们做了超越机械观并引入了场概念的首次尝试，这在电磁现象的领域得到了最成功的支持。建立了电磁场的结构定律，定律连接了空间和时间里相距非常近的事件。这些定律符合狭义相对论的框架，因为根据洛伦兹变换它们是不变的。之后，广义相对论建立了引力定律。同样，它们也是结构定律，描述了质点之间的引力场。推广麦克斯韦定律也很容易，这样，它们就能用在任意坐标系中，就像是广义相对论的引力定律。

有两种概念：**实物和场**。毫无疑问，我们现在无法像19世纪早期的物理学家那样，想象整个物理学是建立在实物概念之上的。现在，两个概念我们都接受。我们能否把实物和场看成两种截然不同的事实呢？给定实物的质点，我们可以初步构想出微粒有一个确定的表面，在表面处实物不再存在，而引力场出现了。在这个图景中，场论生效的部分和代表实物的部分绝无联系。但是，物理学的测量规范又是如何区分实物和场的呢？在学习相对论之前，我们也许会用以下的方法来回答这个问题：实物有质量，但是场没有。

场代表能量，实物代表质量。但我们早就知道，这样的答案在已知的、更深刻的知识看来是不够的。从相对论我们知道，实物代表了大量的能量，能量也代表实物。在这个意义上，我们无法对物质和场做出定性区分，因为实物和场的区别不是定性的。到目前为止，最大部分的能量都集中在实物上；但是围绕质点的场也代表能量，尽管相比之下它小得多。因此，我们可以说，实物是能量大量聚集的地方，场是能量少量聚集的地方。但若真是如此，物质和场的区别就是定量而非定性的了，没有理由把实物和场看成两种属性截然不同的东西。我们也不能想象一个把场和实物完全分开的界限。

电荷及电荷场中也有同样的难题。似乎不可能给出明显的定性界定来区分实物和场或者电荷和场。

我们的结构定律，也就是麦克斯韦定律和引力定律，在能量或者说是场的来源这个重大问题上失灵了，而能量是由电荷或者实物代表的。但我们不能稍微修改一下方程组吗？这样它们就能在任何情形中都有效，甚至是在聚集了巨大能量的范畴里。

我们无法在只有实物概念的基础上建立物理学。但是，在意识到了实物和能量等同之后，实物和场的划分看起来很不真实，界定也不清晰。那我们就不能拒绝实物的概念，建立一个只有场的物理学吗？我们印象中的是，实物其实是能量紧密聚集在一个相对较小的空间。我们可以把实物看成空间中的区域，在这里场极其强。这样一来，新的哲学背景就可以被创造。它的终极目标是解释所有自然事件，利用在任何时刻、任何场合都有效的结构定律。从这个角度看，一块抛出的石头是一个改变中的场，最大强度的场以石头的速度穿过空间。在新的物理学中，没有场和实物并存的位置，场是唯一的现实。这个新观点的认可，得益于场物理学的巨大成就，得益于用结构定律表述电、磁、引力定律的成功，最终得益于物质和能量的等同。我们最后的问题将是修正场理论，这样它们就不会在巨大能量汇聚的区域中失效。

但是到目前为止，我们尚未令人信服且自洽地完成这个过程。是否有可能实现的判决属于未来。现在，我们必须继续假设，在所有的现实中，理论建构了两个实在：场和实物。

还有根本性问题尚未解决。我们知道所有实物只是由几种粒子构成的。这些基础粒子是如何建立形式如此多样的实物的？这些基本粒子和场如何交互作用？在寻找答案的过程中，必须引入新的物理学概念，就是**量子理论**。

总结：

出现在物理学中的新概念，是牛顿时代以来最重要的发明——场。需要极大的科学想象力才能意识到：不是电荷也不是粒子，而是在电荷和粒子之间的场对描述物理现象至关重要。场的概念得到极大支持，也引出了麦克斯韦方程组的建立。这个方程组描述了电磁场的结构，而且主导了电学和光学现象。

相对论产生于场的问题。旧理论的矛盾和不一致迫使我们把新的属性归到时空连续体上，这是物理世界所有事件发生的场所。

相对论的发展有两步。第一步是通向所谓的狭义相对论，只用在惯性系中，也就是牛顿建立的惯性定律有效的系统。狭义相对论建立在两个基本假设之上：物理定律在所有做相对匀速直线运动的坐标系中都一样；光速不变。从这些假设出发，经过实验的充分证明，推导出移动硬棍和钟表的性质、它们的长度和节奏变化是取决于速度。相对论改变了经典力学定律。只要移动质点的速度趋近光速，旧的定律就无效了。通过重构相对论，移动物体的新定律被实验完美证实了。（狭义）相对论的进一步影响是建立了质量和能量的联系。质量是能量，能量拥有质量。相对论把质量和能量的两个守恒定律合并成了一个，就是质–能守恒定律。

广义相对论给出了更为深刻的时空连续体分析。理论的有效性不再局限于惯性系。这个理论挑战了引力问题，并且构建了引力场的新结构定律。它迫使我们分析几何在描述物理世界的作用。它认为重力质量和惯性质量相等这个事实极其关键，而不像经典力学那样认为这只是意外。广义相对论的实验结果和经典力学的只有细微的差别。只要有对比的可能，都得到了经由实验验证的支持。但是这个理论蕴含的力量在于它的内在一致性以及简洁的基础假设。

相对论强调了场论在物理学上的重要性。但我们尚未成功建立纯粹的场物理学。现在，我们必须继续假设场和实物都存在。

量子

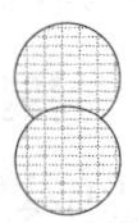

连续性、不连续性－物质与电的基本量子－光的量子－光谱－物质波－概率波－物理与现实

连续性、不连续性

在我们面前展开纽约及其周边城镇的地图。请问：火车能到达地图上的哪些点？在看过火车时刻表上的地点后，我们把这些点标在地图上。现在，我们变换一下问题：哪些点坐汽车能到？如果我们在地图上画出线条，用来代表所有从纽约出发的道路，这些路上的每一个点实际上都能通过汽车达到。在这两个例子中我们都得到一系列的点。在第一个例子中，这些点是分散的，代表不同的火车站；而在第二个例子中，它们是代表道路线条上的点。接下来的问题是关于每一个点和纽约的距离，准确地说，是和这个城市确切位置的距离。在第一个例子中，明确的数字对应地图上的点。这些数字无变化规律，但总是明确的、跳跃的而且有限的。我们认为，纽约和火车能到达位置之间的距离仅以**非连续**的方式变化。那些坐汽车能到达的地方，却有可能逐步变化，每一步的大小听凭君意，它们可以**连续**变化。在汽车的例子中距离的变化可以任意小，但是在火车中却不能。

煤矿的生产量也可以用连续的方式变化。煤矿生产出来的煤可以增加或减少任意小的部分，但是雇用的矿工数量只能是非连续变化。如果有人说“从昨天开始，雇员数量增加了3.783个”，纯粹是无稽之谈。

问问一个人口袋里有多少钱，他会给出只包含两个小数的数字。钱的总数只能不连续地、跳跃式地变化。在美国，允许变化的最小货币——我们也可以称它为“基本量子”，是1美分。英国货币的基本量子是1法辛[1]，价值不过是美国基本量子的一半。有了这个例子，两个基本量子的净值就可以比较。它们的价值比有明确的含义，因为其中一种是另一种的两倍。

可以说，有的数字可以连续变化，但有的只能不连续变化，变化程度无法进一步细化。这种不可细分的特定量被称为**基本量子**。

我们可以称出大量的沙子，并把它的质量看成连续的，即便它的颗粒结构非常明显。但是，如果沙子非常均匀，使用的标尺也非常灵敏，那我们就得考虑质量总是以一粒沙子的倍数增加这个事实。这样一粒沙子的质量就是我们的基本量子。从此，我们知道了量具有非连续特征，尽管在以提高测量方式的精确度作为甄别手段之前，都认为它是连续的。

如果必须用一句话定义量子理论的主要原理，我们可以这样说：**必须假设某些公认为连续的物理数量是由基本量子组成的**。

量子理论覆盖的事实范围很大。这些事实在当代高度发达的科

---

① 英国1961年以前使用的旧铜币，等于1/4便士。

技实验下显露无遗。由于不可能证明及描述这些基本实验，我们不得不时时照本宣科地引用这些结果。我们的目标只是解释最重要的基本观念。

物质与电的基本量子

物质的运动论中的物质是由分子组成的。以最轻的物质为例，就是氢气。在之前的篇目中，我们知道布朗运动研究了如何测量出一个氢分子的质量。它的值是0.000 000 000 000 000 000 000 003 3克。这意味着质量是非连续的。氢气的质量只能是以一个氢分子质量的倍数变化。但是，化学过程显示，氢分子可以分离成两个部分，或者说氢分子是由两个原子组成。在化学过程中，是原子而非分子起到了基本量子的作用。把上述数字除以2，就得到了一个氢原子的质量，大约是0.000 000 000 000 000 000 000 001 7克。

质量是非连续数字。在测量重量的时候，当然无须顾虑这一点。即便是最灵敏的工具也远远达不到这样的精确度，也就无法侦察到物质变化的非连续性。

让我们回到一个人尽皆知的事实。一根连接电源的电线，电流正通过电线，从电势高的地方流向低的地方。我们还记得，有很多实验现象都能由电流体流经电线这个简单的理论解释。我们还记得，无论正电荷是从电势高的地方流到低的地方，还是负电荷从电势低的地方流到高处，都仅仅是出于约定俗成的说法。现在，我们暂时无视所有场概念的进一步结果。即便是在思考电流体的简单情况，也还有一些问题需要解决。正如“流体”这个词所说，在早期，人们认为电力的数量是连续的。电荷数可以以任意小的幅度变化。根据这些古老的观念，无须假设基本电量。物质的运动论的成就提出了新的问题：是否存在电流的基本量子？另一个要解决的问题是：是否有包含正电荷、负电荷，或者正负电荷都有的电流？

所有实验在回答这些问题时，都是想把电流从电线中分离出来，让它在真空中运动，让它和任何物质都没有联系，然后观察它的性质——在这些条件下，性质会一览无遗。许多此类实验都发生在19世纪晚期。在解释这些实验设置的原理之前，我们得先引用至少一个实验的结果。流经电线的电流体是负的，因此它流动的方向是从电势低处指向高处。如果我们一开始就知道这点，那么在第一次形成电流体理论时，我们就会果断交换用词，并称橡胶棒的电是正的，玻璃棒的电是负的。这会比把电流体看成正的更方便。既然我们第一个猜测就错了，现在就必须忍受这个麻烦。下一个重要的问题是：究竟负电荷的结构是不是“颗粒”的，是不是由电量子组成的。大量独立实验再次显示，毫无疑问，负电荷的基本量子存在。负电流体是由微粒组成，就好像沙滩是由沙粒组成的，或者房子是由砖块组成的。大约40年前，约瑟夫·约翰·汤姆逊[①]的实验

① 约瑟夫·约翰·汤姆逊（J.J.Thomson，1856—1940），英国物理学家，诺贝尔物理学奖获得者。

最清楚不过地显示了这个结果。负电荷的基本量子被称为**电子**。因此每一个负电荷都是由电子代表的大量电荷组成的。负电荷犹如质量，只能不连续地变化。然而，基本电荷是如此微小，以至于在很多观测中，非常有可能会把它当成连续数量，甚至于有的时候这样还会更方便。所以，原子和电子理论引入了科学的非连续物理量，这些物理量只能跳跃式变化。

想象两个平行的金属片，它们处于真空中。一个金属片带有正电荷，另一个带有负电荷。在金属片之间放置正电荷检测物，那么检测物会被充满正电荷的金属片排斥，被负电荷金属片吸引。所以，电场的力线将是从正电荷金属片指向负电荷金属片。作用在负电荷检测物的力则会是相反的方向。如果金属片足够大，二者之间的力线在任何地方都会同样密集，测试体放置的地方没有其他物质，因此，力线的密度一致（如图4-1）。金属片之间的电子将像地球引力场上的雨滴，互相平行地从负电荷金属片向正电荷金属片运动。有很多知名的实验设置，把电子束放在这样的场里，在场的影响下，电子的运动状态都一样。最简单的实验是在带电金属片之间放置加热的电线。灼热电线发出的电子之后会因为外部场的力线而转向。比如，大家都很熟悉的无

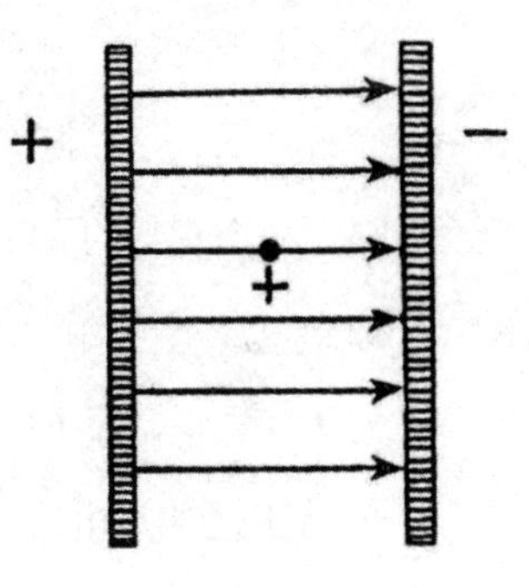

图4-1

线电管就是基于这个原理。

很多天才般的实验都用到了电子束，在不同的外部电场和外部磁场中，发现了它们的轨迹变化。科学家一度有希望分离出单独的电子并测量它的基本电荷和质量，也就是它对于外力作用的惯性阻力。我们只需在此引用一个电子的质量值，大约是一个氢原子质量的两千分之一。因此，尽管一个氢原子的质量已经很小了，但是相比于电子的质量还是非常巨大的。从统一场论的角度看，一个电子全部的质量，即全部的能量，也是它的场的能量；能量被压缩进极小的空间，越远离电子“中心”，力量越小。

我们之前说过，任何元素的原子都是它最小的基本量子。人们认可这个说法很久了。但现在，它不再可信！科学已经形成了新的观念，显示出旧观念的局限。几乎没有能比建立在原子复杂结构上的物理原则更加不可动摇的原理。一开始发现了电子——负电流体的基本量子，它也是原子的组成之一，是所有物质建立的基本“砖块”。先前引述加热电线发出电子的例子，只是海量例子中的一个，它们都要从物质中分离出这种粒子。毫无疑问的是，这个结论成了连接起物质结构和电流问题的桥梁，且符合几乎所有独立实验的事实。

从原子的组成成分中分离出电子是比较容易的，可以通过加热——正如加热电线的例子，或者是别的方法，比如用其他电子轰击原子。

假设把一根纤薄、灼热的金属电线插入稀薄的氢气中。电线会向所有方向发出电子。在外部电场的作用下，电子会获得一定的速度。电子增加速度就好比石头在引力场下落一样。借此，我们就能获得一束电子，它会以一定的速度向一定的方向划过。现在，借助在非常强的场中发出的电子，我们使其速度趋近光速。那么，当一束电子以一定的速度冲入稀薄氢气的分子中时，会发生什么？速度足够大的电子，不仅会让氢分子分解成两个原子，还会从其中一个原子中拽出一个电子。

我们先接受电子是物质的共同组成成分这个事实。那么，从撕裂的原子中产生的电子就不可能是电中性的。即便它之前是中性的，现在也不能保持中性了，因为它被削弱了一个基本电荷。留下的那个必定有正电荷。再者，既然电子的质量相比于最轻的原子都出奇的小，我们大可得出结论，即：到目前为止，原子质量的主要部分不是由电子组成的，而是由基本粒子的残余物组成的，这些粒子比电子重得多。我们管原子比较重的这部分为原子核。

当代实验物理学有发达的技术，可以分离原子核，将一个元素的原子变成其他元素的原子，以及从核中分离出构成它的质量基本粒子。物理学的这个部分以“核物理”著称——卢瑟福[①]功勋卓

---

① 欧内斯特·卢瑟福（Ernest Rutherford，1871—1937），英国著名物理学家，以原子核物理学之父著称。

著，从实验角度看，它也是最有趣的。但是依然缺乏一个理论，这个理论的基本原理十分简单，而且与核物理范畴丰饶多样的事实相连。因为，在这本书中，我们只关注一般的物理学概念，就略去了这部分，尽管它们是当代物理学中的重要分支。

光的量子

想象一座沿着海滨建立的墙。海浪连续不断地拍打墙体，冲刷墙的表面，然后退回，为即将到来的海浪腾出位置。墙的质量减少了，我们可以问，若时间间隔是一年，有多少质量被冲刷掉了？我们先想象一个不同的过程。我们想减少和前述问题中相等的质量，不过方法不同。我们朝墙射击，并且剥下子弹击打的地方，墙的质量将会减少。我们完全可以想象，在两个例子中能减少同样的质量。但是，从墙的外观看，我们轻易就能甄别出，起作用的是连续的海浪还是不连续的枪林弹雨。这对于理解我们即将要描述的现象会很有用，最好先记住海浪和子弹雨的区别。

之前说过，加热电线会发出电子。现在我们要介绍另一种从金属中分离出电子的方法。单色光，比如紫光，正如我们所知是有固定波长的光，它正在撞击金属表面。光从金属中分离了电子。电子从金属原子中被拉出，大量的电子以一定的速度运动。从能量原理的角度看，可以说光的部分能量转化成了排斥开电子的动能。当代实验技术让我们可以记录这些电子——子弹，来判断它们的速度，进而判断它们的能量。光打在金属上使得电子分离的现象就是光电效应。

我们的起点是研究具有一定密度的单色光光波的作用。正如每个实验中都做的那样，现在必须改变设置，看看对观察到的效应有无影响。

从改变紫色单色光的密度开始，它会落在金属片上，然后记下产生电子的能量在何种程度上取决于光的密度。试着通过推论而非实验来找出答案。我们可以宣称：在光电效应中，一定的辐射能量转变成了电子的动能。如果再次用相同波长但是来源更强的光照射金属，那么发出电子的动能也应该更强，因为辐射的能量更强了。因此，我们可以期待只要光的密度提高了，发出电子的速度就会提高。但是实验与我们的预测相反。我们又一次发现，自然法则并不会像我们期待的那样运行。我们遇到过和预期相反的实验，这些实验打破了建立在它们之上的理论。真实的实验结果，从波动说看，是非常惊人的。观测到的电子总是有相同的速度、相同的能量，并不会因为光密度的提高而有变化。

光的波动说预测不到这样的实验结果。又一次，新的理论从旧理论和实验的冲突中产生。

让我们对光的波动说吹毛求疵一番，忘掉它的伟大成就，忘掉它对于细小障碍物周围弯折光的精彩解释。我们集中关注光电效应，从这个理论中找出光电效应的充分解释。显然，无法从光的波动说中推导出电子的能量与将电子从金属片中分离出来的光的强度无关。因此，我们得试试别的理论。还记得牛顿的微粒说吗？它解释了很多观察到的光现象，但无法说明光的衍射，现在我们已经谨慎地放弃它了。在牛顿的时代，能量概念是不存在的。根据牛顿的说法，光微粒是无重量的；每一种色彩粒子都拥有自己的物质特征。之后，创造出了能量的概念，人们认为光携带能量，没有人会把这些现象用在光的微粒说上。牛顿的理论寿终正寝，直到20世纪，都没人严肃考虑过它的重生。

要保持牛顿理论的基本原则，我们必须假设单色光是由能量粒子组成的，用光量子取代了老旧的光微粒，我们称光量子为光子，它是小部分的能量以光速在真空中的运动。牛顿理论在新形式下的重生带来了光的量子理论。不仅仅是物质和电荷，就连辐射的能量也具有颗粒结构，即是由光子组成的。除了物质的量子和电的量子之外，还有能量的量子。

能量子的概念第一次是由普朗克[①]在20世纪伊始提出的，是为了解释比光电效应更加复杂的效应。但是光电效应最清楚、直接地显示了改变旧观念的必要性。

光量子理论立竿见影地解释了光电效应。光子的阴影投射到了金属片上。辐射和物质之间的作用包含了诸多单一的过程，这些过程中，光子撞击原子并打出来一个电子。每个例子中的单一过程都

---

① 马克斯·卡尔·恩斯特·路德维希·普朗克（Max Karl Ernst Ludwig Planck，1858—1947），德国著名物理学家、量子力学的重要创始人之一。

一样，分离出的电子将拥有同样大小的能量。我们也可以理解光密度增加的含义了，用新的语言说，就是指下落光子的数量增加了。在这个例子中，金属片会抛出不同数量的电子，但是任何单一电子的能量不会改变。由此可见，这个理论和观察完美契合。

如果是另一种颜色的单色光束，比如说红色而非紫色，落到了金属的表面，会发生什么呢？先跳过实验来回答这个问题。分离出电子的能量必须是可以测量的，而且能和紫光中击出的电子能量相比较。用红光中分离出的电子能量，经证实比用紫光分离出的电子能量小。这意味着，光量子的能量会因为单色光的不同而改变。属于红光的光子只有紫光光子能量的一半。或者，更严谨地说，单色光量子的能量随着波长的增加成比例减少。这是能量子和电量子之间关键性的不同，不同的波长产生不同的光量子，而电量子总是一样。如果用先前用过的类比，我们应该把光量子与最小的货币量子对比，它在每个国家都是不一样的。

在抛弃了光的波动说后，我们假设了光的结构是颗粒的，也假设了光是由光量子组成的，也就是说，光子会以光的速度穿过空间。因此，在新的解释中，光是光子雨，而且光子是光能量的基本量子。然而，假如抛弃了光的波动说，波长的概念就会消失。那新的概念应该如何运行？是光量子的能量！光的波动说术语可以转化成辐射量子理论的说法，如：

光的波动说术语	量子理论的术语
单色光有确定的波长。光谱中红色端的波长是紫色端波长的两倍	单色光包含有确切能量的光子。光谱上红色端具有的光子能量，是紫色端光子能量的一半

表4-1

可以这样总结说明：量子理论可以解释某些现象，但光的波动说不能。光电效应和其他已知的类似现象提供了例证。有的现象可以被光的波动说解释，而量子理论却解释不了，光在障碍物周围弯折就是典型例子。最后，有的现象，比如光的直线传播，可以同时被光的量子理论和光的波动说很好地解释。

但光究竟是什么？是波还是光子束？我们一度问过类似的问题：光是波还是光微粒的集束？在那时，几乎每一个理由都反对光的微粒说，接受光的波动说，因为它涵盖了所有现象。但是如今，问题更加复杂。似乎没有可能仅凭从两个选项中挑出一个就能建立光现象的统一描述。仿佛，有的时候我们必须用其中一个理论，而有些时候得用另一个理论，但也有的时候，两个都不能用。我们面临的是全新的困境。我们对现实的两种理解互相矛盾。分开来，这两种都不能充分解释光的现象，但合起来，竟然就可以了！

怎么可能合并这两个学说？我们如何才能理解光这两个毫无共性的方面？解决这个新的难题并不容易。再一次，我们面对的是根本性问题。

暂且接受光的微粒说吧，并试着借助它理解波动说解释了的事实。这样，我们就能找出矛盾的地方，是什么让这两个理论看上去如此水火不容。

我们记得，单色光的光束通过小孔时，会产生明亮和暗淡的环。如何才能借助光的微粒说而非波动说，来理解这个现象呢？一个光子穿过孔径。可以假设，如果光子穿过了它，屏幕上会显出光，如果没穿过就是暗的。然而，事实不是这样，我们看到了明亮和暗淡的环。可以试着如此推导：也许在孔径的边缘和光子之间有相互作用，这导致了衍射环的出现。当然，很难认为这句话是解释。至多，它大致勾画出解释的过程，拥有了进一步理解衍射现象的微薄希望，就是物质和光子之间的相互作用。

但即便是这个渺茫的希望，也被先前对其他实验设置的讨论冲垮了。取两个孔，单色光穿过这两个孔，在屏幕上产生明亮带和黑暗带。这个现象用光的微粒说如何解释呢？我们可以说，一个光子只会通过两个孔中的一个。如果单色光的光子代表基本光粒子，很难想象它会分离并穿过两个孔。但那样的话，效果应该和第一个例子完全一样，会有明亮和暗淡的环，而不是明亮带和黑暗带。怎么可能有了另一个孔就完全改变现象呢？显然，光子未曾通过的那个孔，不会把环变成条状带，就算它处于合适的距离！如果光子像经典物理学所说的微粒，它必须通过两个孔中的一个。但在这个例子中，衍射现象的出现看起来完全无法理解。

科学迫使我们创造新的想法、新的理论，目的是打破矛盾的壁垒。科学中所有关键的理念都诞生于激烈的冲突之中，这又是一个需要新原则作为解决方法的问题。在说明当代物理学试图解释光的微粒说和波动说的冲突之前，我们应该指明，在处理物质的量子而非光量子时，出现过一模一样的难题。

光谱

我们已经知道，所有的物质都是由几种粒子构成的。电子是被发现的第一种物质基本粒子。但是电子也是负电荷的基本量子。我们还知道，有的现象迫使我们假设，光是由基本光量子组成的，它们以不同的波长区分开。在进入下一步之前，我们必须讨论一些物理现象，其中，物质和辐射都扮演了关键角色。

太阳发出辐射，用棱镜可以分解辐射的组成，从而能得到太阳的连续光谱。可见光谱的两端由不同的波长表示。再举一个例子。先前提到过，钠在白炽灯中发出单色光，就是只有一种颜色或波长的光。如果炽热钠放在了棱镜之前，只能看到黄色线条。通常，假如辐射物体放在了棱镜之前，那么它发出的光就会分解出组成部分，显示发光体的光谱特征。

在充满气体的管中放置一个辐射体，就像是在缤纷多彩的广告中使用霓虹灯管。假设，在光谱仪前放了一根这样的管子。光谱仪的运作方式类似棱镜，但更为准确和灵敏，它把光分解成光的构成部分，也就是说，光谱仪分析光。从太阳而来的光，在光谱仪中呈现出了连续的光谱，所有的波长都显示出来。然而，假如光源是气体，一道电流通过它，棱镜的特征就不一样了。不再是太阳光谱那样连续、多颜色的情况，而是在连续黑暗的背景上出现了明亮的间隔带（见图4-3）。假如足够狭窄，那每一条带子对应明确的颜色，或者用波动说的语言说，就是明确的波长。比如，如果在光谱中可以发现二十条线，那每一条就只会对应二十个代表波长数字中的一个。多种元素的蒸汽拥有不同的线条体系，因此不同的数字组合组成了发出光谱的波长。在光谱特征上，没有两个元素有完全一样的带状系统，正如没有两个人有完全一样的指纹。随着物理学家汇编了这些线条的名册，定律的存在逐渐变得明朗，而且也有可能替换掉某些显然无关的数字类目，它们只是用简单的数学形式代表了不同波的长度。

这一切都能用光子的语言来解释。光带对应确定的波长，或者说，是有确定能量的光子。因此，发光气体不会散发出随意能量的光子，这只能是物质本身的特征。再一次缩减了事实的可能性。

特定元素的光子，比如说氢气，只能散发出能量一定的光子。只有能量确定的量子才被允许发出，其他量级都是不允许的。假设，出于简化考虑，有的元素只发出一种光线，也就是只有一种确定能量的光子。原子的能量在散发之前会更强，之后则变弱了。原子的**能级**必须符合在散发前更高、之后更低的能量原则，这两个能级的差距也必须等于散发出的光子能量。因此，元素确定的原子只辐射出一种波长，也就是只有明确能量的光子这一事实，可以换一种方式说明：在这个元素的原子中，只能存在两种能级，且光子的发散对应于这个原子从高能级到低能级的转换。

但是，元素的光谱中出现了不止一条光线，这是个原则。散发出的光子对应的是许多能量，而非仅仅一种。换句话说，我们必须假设，多种能级存在于原子中，并且光子的发散对应于原子从高能级向低能级的转换。但关键是，不是每种能级都能存在，因为并不是所有波长，也不是所有光子-能量，出现在了元素的光谱中。与其说某些确定的光线、确定的波长属于每个原子的光谱，不如说，每个原子拥有一些确定的能级，而光子的发散和原子在不同能级的转化有关。能级从规律上讲，不是连续的，而是非连续的。我们又一次发现，可能性受限于事实。

玻尔[①]第一次展现了为什么是这些而非其他光线出现在了光谱中。他的理论在25年前形成，描述了在简单案例的任意时刻元素原子的光谱中是能够计量的。这些看起来呆头呆脑、毫无联系的数字一下就串联起了理论中的光。

玻尔的理论成了一个过渡，通向了更深刻、更一般的理论，也就是波动力学或者量子力学。本书最后的目标就是说清这个理论的原则理念。在此之前，我们还得提及另一个更具理论性也更加特殊的实验结果。

---

① 尼尔斯·玻尔（Niels Henrik David Bohr，1885-1962），丹麦物理学家，1922年获得诺贝尔物理学奖。

可见光谱开始于显现出紫色光的波长，结束于显现出红色光的波长。也就是说，在可见光谱中，光子的能量总是限定在紫色光和红色光光子能量组成的范围里。这个限制当然只是出于人眼的特性。如果某些能级中的能量相差足够大，那么就会发出**紫外线**光子，就超出了可见光谱范围。此时肉眼无法识别它的存在，必须用到感光板。

X光也是由能量远大于可见光的光子组成，或者说，它们的波长更短，实际上可见光的波长是它的几千倍。

但是否有可能用实验的方法测量如此短的波长呢？用普通光线操作十分困难，我们必须使用小型障碍物或者小型孔隙。两个非常接近的孔洞能显示出正常光的衍射，但它们必须再缩小几千次，并且更加接近，才能显示出X光的衍射。

那如何才能测量这些光线的波长呢？自然提供了帮助。

晶体是原子聚合体，原子以极短的间距和完美的规则组合而成。图4-2显示了晶体结构的简单模型。相较于微小的感光板，元素的原子构成了极小的障碍物，并以绝对规则的顺序相当紧密地排列。

从晶体结构理论的发现中可知，原子之间的距离小得足以显示出X光的衍射。实验也证明了这一点。实际上，利用类似于晶体中出现的、密切堆叠且以规则三维排列的方式，有可能让X光衍射。

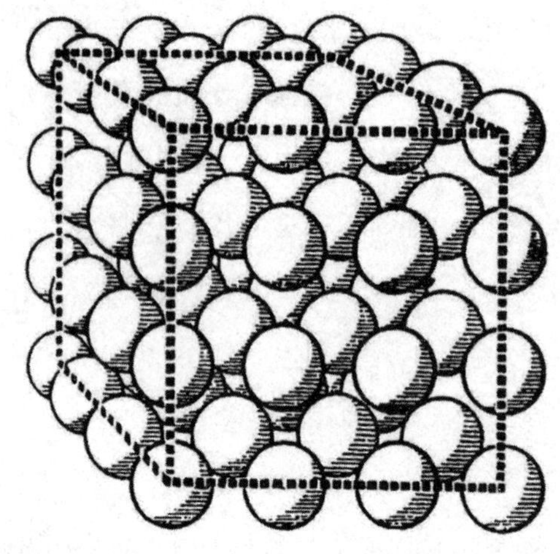

图4-2

假设，一束X光落到了晶体表面，然后通过它，感光板记录了这个过程。感光板显示出了衍射形态。曾有多种方式用于研究X光的光谱，从衍射形态中推导出波长的数据。在这里轻描淡写的几句话，若要写出实施过程的理论和实验上的细节，即便是鸿篇巨制也说不完。如图4-4，我们只提供了一种衍射形态，这只是通过多种方式中的一种得到的。我们再一次看到了波动说中标志性的黑暗和明亮环。在中央没有可见的衍射的光线。如果晶体没有放在X光和感光板之间，那么只能看见中央的光点。从这种照片中，可以计算X光光谱的波长，从另一方面说，如果已知波长，利用结论可以画出晶体的结构。

物质波

如何理解元素的光谱中只出现了特定的波长这个事实？

在物理学中常常发生的是，关键的进步产生于对显然无关现象的一致类比。接下来，我们会多次看到，在科学的某一分支中创造和发展的理念是如何应用在其他分支上的。经典力学和场观念的发展提供了不少此类例子。通过假设新的概念，联系起已解决问题和未解决问题，也许能带来解决难题的灵感。

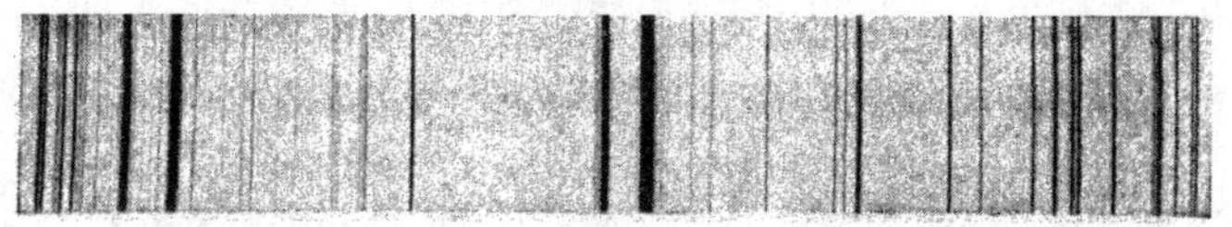

（摄影：A.G.圣士敦）

光谱线

图4-3

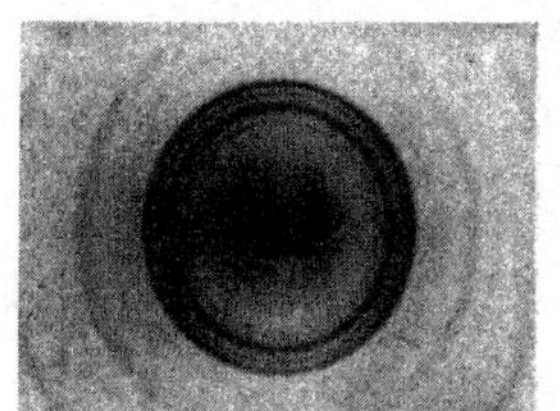

（摄影：劳瑞娅&克林格）

X光的衍射

图4-4

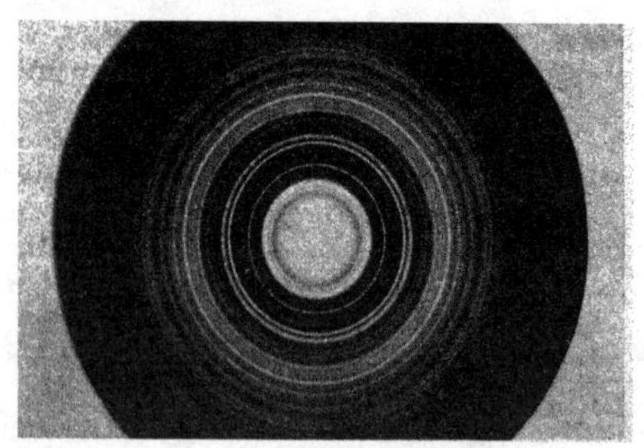

（摄影：罗斯托维奇&格列戈）

电子波的衍射

图4-5

很容易找出言之无物、泛泛而谈的类比。但是，在这个基础上形成一个新的、成功的理论，要发现某些隐藏在差异极大的表面之下的、关键的普遍特征则是十分重要的创造性工作。所谓“波动力学”的发展，就在不到15年前，起源于德布罗意[①]和薛定谔[②]，这是一个通过深入类比获得成功理论的典型成就。

起点是和当代物理学没有任何关系的经典例子。手上拿着非常长且柔软的橡胶管的一端，或者是一根很长的绳子的一端，试

① 路易·维克多·德布罗意（Louis Victor·Duc de Broglie，1892—1987），法国理论物理学家，物质波理论的创立者，量子力学的奠基人之一，1929年获诺贝尔物理学奖。

② 埃尔温·薛定谔（Erwin Schrödinger，1887—1961），奥地利物理学家，量子力学奠基人之一，1933年获诺贝尔物理学奖。

着有规律地上下甩动，让端点振动。此时，正如我们在其他许多例子中看到的，产生了一道波，借助一定速度穿过管道的振动（见图4-6）。如果想象中的是一根长度无限的管子，那么波的周期一旦开始，就会永无止境地继续振动，不会中止。

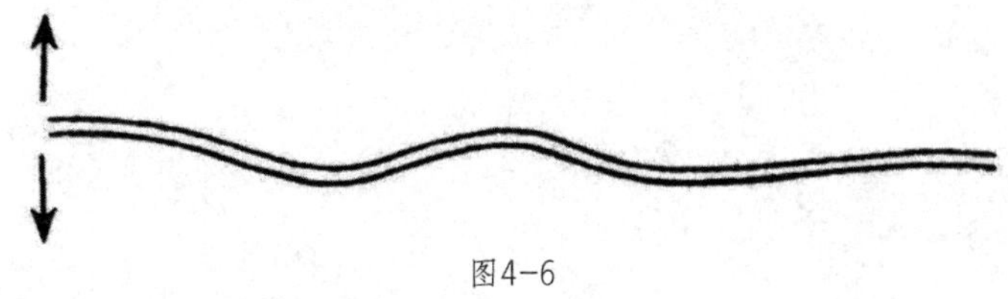

图4-6

再看另一个例子。同一根管道的两端系紧了，有条件的话可以用小提琴的琴弦。如果在橡胶管或者琴弦的一端制造波，那会发生什么？波像前例一样开始传播，但很快就被管道的另一端反弹了。现在有了两种波：一种由振动产生，另一种由反弹产生。它们的方向相反，且互相干扰。不难追溯出这两种波的干扰，并发现它们叠加后产生的波，这叫作驻波。“驻”和“波”两个字似乎是互相矛盾的，然而，它们的联合却由两个波的叠加结果证实了。

驻波最简单的例子是琴弦的运动，琴弦的两端都固定住，进行上下运动，如图4-7所示。

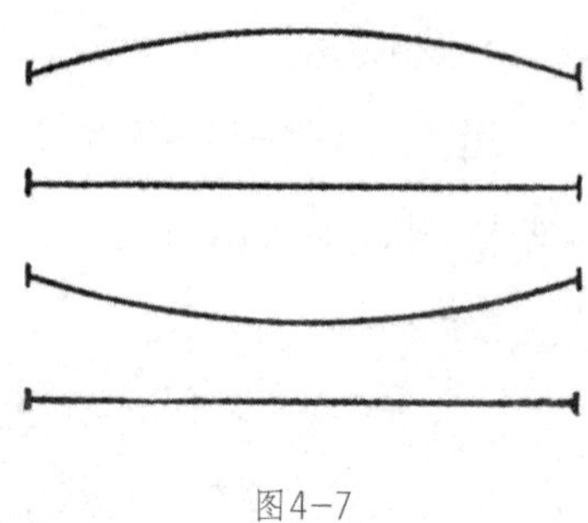

图4-7

这个运动是一道波叠加在另一道波上的结果，且这两道波是以相反方向运行的。这个运动的特征是：只有两端是静止的，这两个端点叫作波节。驻波在两个波节之间运动，琴弦的任何位置同时达到它们偏移的最大值和最小值。

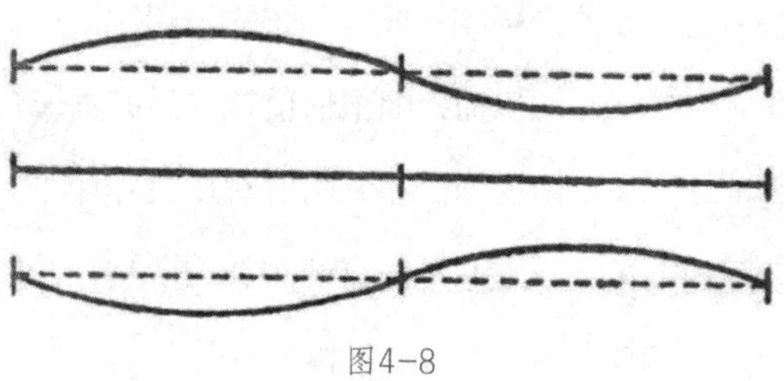

图4-8

但这只是驻波最简单的例子，还有别的。比如，一个驻波可以有三个波节，两端和中央各一个。在这种情况下，三个点始终保持静止。图4-8中显示，此时的波长是两个波节中波长的一半。同样，驻波可以有四个、五个甚至更多的波节（见图4-9）。每个例子中的波长将取决于波节的数量。这个数字只能是整数，而且只能跳跃式变化。“驻波的波节数量是3.576”，这句话毫无意义。所以，波长也只能非连续变化。此刻，在最经典的问题中，我们发现了和量子理论类似的特征。小提琴手产生的驻波实际上会更复杂，它是波的混合，这些波有两个、三个、四个、五个甚至更多的波节，因此，它也是多种波长的混合。物理学家可以从这样的混合物中分析出简单的驻波，驻波则由混合物构成。或者，利用先前的术语，我们可以说振动的琴弦有自己的光谱，正如一个散发出辐射的元素。另外，正如元素的光谱，只存在特定的波长，其他都是禁止的。

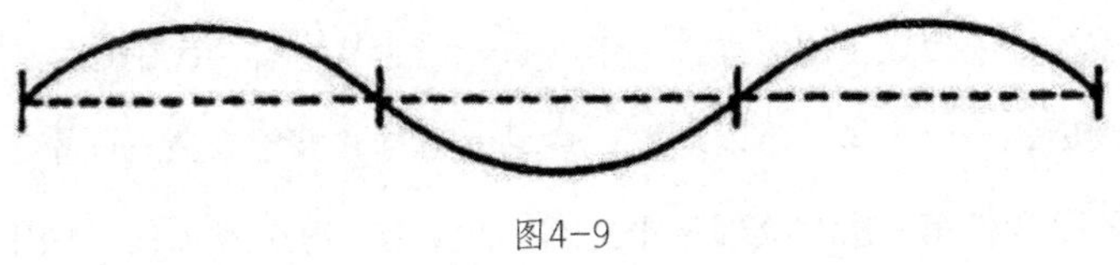

图4-9

我们从而发现了振动琴弦和辐射原子之间的某些相似点。这个类比也许看起来很古怪，但既然已经选择了它，我们就能从中得出更多结论，并试着对比类推。每一种元素的原子由基本粒子组成，较重的粒子是原子核，比较轻的是电子。原子这一系统的运行就像是小型声学工具，驻波就在其中产生。

然而驻波是两个或者是更多波的叠加。如果类比可信的话，那么比原子更简单的构造才会对应于传开的波。这个最简单的构造是什么？在现实世界，没有什么能比电子、基本粒子更简单的了，没有力作用在它们上，也就是说，电子是静止或者做匀速直线运动的。我们可以猜测类比链条中更进一步的联系：电子做匀速直线运动→波有确定的波长。这是德布罗意新颖且大胆的想法。

之前显示过，有的现象中光会体现出波动性，有的则是微粒特征。在开始使用“光是波”这个理念之后，我们发现，出乎意料的是，在有的例子中比如光电效应，光的行为像是光子束。现在，我们又有了电子截然相反的示例。我们习惯于电子是粒子这个理念，粒子则是电力和物质的基本量子，它们的电荷和质量都观察到了。如果在德布罗意的想法中有什么是真的的话，就必须有一些现象，物质在其中会显示出波动性。乍一看，这个从声学类比中逐步得到的结论，十分古怪、难以理解。运动的粒子和波怎么会有联系？但这不是我们第一次在物理学中面临如此难题。在光现象的领域中，我们也遇到过同样的问题。

在形成物理理论时，基础概念起了至关重要的作用。物理学课本充满了复杂的数学公式。但是，想法和理念而非公式才是每一个物理学理论的开始。理念在之后必须具备定量理论的数学形式，这样才有可能与实验做对比，可以用我们正在处理的问题为例来解释。起初的猜测是，匀速直线运动中的电子将在某些现象中像波一样运动。假设，电子或者电子束都拥有相同的速度，正在做匀速直线运动。每个电子的质量、电荷和速度都是已知的。如果我们想以某种方式把波的理论和匀速直线运动中的电子联系起来，下一个问题一定是：波长是什么？这是一个定量问题，必须建立或多或少的定量理论来回答它。这实在是一个很简单的问题。德布罗意在其著作中提供了这个问题的答案，其数学性质令人震惊的简洁。在他的工作完成的时候，相对而言，其他物理理论的数学公式十分烦琐复杂。解决物质的波问题的数学方法极其简单、基本，但基础概念却是深刻且意义深远的。

之前，在光的波动说和微粒说中，每个说法都能由波动说转成用光子或者光微粒的方式加以说明。对电子波也是同样。对于匀速直线运动的电子，我们已经很熟悉了。但是就和光子一样，每一个用微粒语言解释的话语都能转变成波动说的解释。转变的规则有两个线索。其中之一是将光波和电波做类比，或者光子和电子做类比。我们试着把物质转变的方法用在光的转化上。狭义相对论形成了另一个线索。根据洛伦兹变换，而非经典转换，自然定律必须是不变的。这两个线索共同决定了运动中的电子有对应的波长。从这个理论出发，很容易测量运动速度为每秒10 000英里的电子拥有的波长。而且发现，它就位于和X光波长相同的区域里。由此，我们进一步得出结论，如果物质的波动性可以被检测到，应该通过的是与检测X光类似的实验方法。

想象一个以给定速度做匀速直线运动的电子束，用波动说的术语就是均匀电子波，假设它落在了非常薄的晶体上，晶体起着衍射光栅的作用。晶体中衍射阻碍之间的距离小到能够产生X光的衍射。如果电子波拥有与X光同样数量级的波长，可以期待电子波有类似的现象。感光板可以显示出通过薄薄一层晶体的电子波的衍射。实际上，这个实验毫无疑问是“电子波衍射现象”这一理论的伟大成就。电子波的衍射和X光的衍射之间的相似处，作为两个模式的对比，着重突出在图4-5和4-4中。这样的图片足以让我们确定X光的波长，对于电子波也是一样的。衍射模式赋予了物质波的波长，也提供了理论和实验之间完美的定量依据，从而精彩地证明了逻辑链。

之前的难题因为这个结果变得更大、更深。通过和给定光波相似的例子可以清楚显示：一个电子打在非常小的孔上，会像光波一样弯折，明亮和黑暗的环出现在感光板上。通过电子和边缘的相互作用，也许有希望解释这个现象，尽管这个解释似乎不够有力。但是，两个孔径会发生什么呢？出现的是带状而非环。多一个孔就会完全改变现象，这是怎么发生的？电子分离了，而且看起来似乎它只通过了一个孔。穿过一个孔的电子怎么知道在附近还有一个孔？

我们之前问过：光是什么？它是微粒束还是波？我们现在问：物质是什么？电子是什么？它是粒子还是波？电子在外部电场或外部磁场中运动时，像是微粒；当它被晶体衍射时，又像是波。针对物质的基本量子，我们遇到了在讨论光量子时遇到的那个问题。近来科学成就中提出的最基本的问题就是：如何融合物质和波这两个相互矛盾的观点。这是根本性难题中的一个，一旦形成，就必将长期引领科学的进程。物理学家们正殚精竭虑地解决这个问题，未来将会决定当代物理学提出的解决方法是持久的还是暂时的。

概率波

根据经典力学，如果知道了给定物质点的位置和速度，以及起作用的外力，我们就能根据经典力学定律预测出它未来完整的轨迹。“物质点处于什么位置，某一时刻的速度是多少”，这样的句子在经典力学中有明确的含义。如果这句话失去了它的语境，那我们关于预言未来轨迹的观点就是不成立的。

在19世纪早期，科学家想把所有物理现象简化成简单的力，这些力作用在物质质点上，质点在任何时刻拥有确定的位置和速度。让我们回想一下，在进入物理问题的旅程之初，我们在讨论机械观时，是如何描述运动的。我们在明确的轨迹上画下点，显示物体在某一时刻的具体位置，在那时，切线矢量显示速度的方向和大小，这不仅简单还很令人信服。但是，在物质的基本量子中不能依葫芦画瓢，在电子、能量子或者光子中都不能。我们无法画出光子或者电子的路径，不能用在机械观中的想象运动的方法。两个孔洞的实验说明得很清楚了，电子和光子似乎穿过了这两个孔。所以，不可能用老方法画出电子或者光子的轨迹来解释这个效应。

当然，我们必须推测电子或者光子穿过孔径时的基本作用的存在。物质和能量存在基本量子是毋庸置疑的。但是基本定律显然无法通过任意时刻确定位置和速度来表现——这是机械观中的简单方法。

所以，我们试试不同的方法。连续不断地重复同样的基本过程，一个接着一个，朝孔洞的方向发出电子。“电子”这个词是出于叙述上的明确，我们的讨论也适用于光子。

同样的实验以完全相同的方式一遍遍重复；电子的速度始终相等，并在两个孔径的方向上运动。非常有必要说明的是，这只是一个理想化的实验，无法在现实中操作，但在想象中运行良好。我们无法在任何时刻好似冲出枪膛的子弹一样射出单一的光子或电子。

重复实验的结果必定又是一个孔中出现明暗圆环和两个孔中出现明暗带。有一个关键的区别：在单独一个电子时无法理解的实验结果，但在多次重复之后，就很好理解了。我们现在可以说：明亮带出现在很多电子聚集的地方；电子聚集较少的地方出现暗带；完全黑暗的地带意味着没有电子。我们当然无法假设所有电子都通过了其中一个孔。如果真是如此，无论另一个孔是否被遮盖都无法显示出哪怕一丁点的区别。但我们早就知道，遮盖第二个孔时情况会有所不同。既然粒子是不可分的，我们也无法想象它能通过两个孔。事实上，这个实验重复了那么多次，指明了其他出路。一些电子也许通过第一个孔，其他的则通过第二个孔。我们并不知道为什么单独的电子会选择不同的孔，但是重复实验的确切结果表示两个孔都参与了电子从源头到屏幕的转移。如果我们只说明重复实验时电子群发生了什么，而不怀疑单独粒子的行为，那么环状和带状成像的区别就变得能够理解了。在讨论实验的结果中产生了新的想法，就是个体的行为方式不可预测。我们无法预言单一电子的轨迹，但可以预测在最后结果中，屏幕上会出现明暗相间的光带。

暂时放下量子物理。

我们在经典物理学中见到过，知道了物质点在某一时刻的位置和速度以及作用在其上的力，我们就能预测它未来的轨迹。我们也知道机械观是如何应用在物质的运动论上的。但是在这个理论中，从我们的推导过程中产生了新的想法。深入探讨这个想法将对理解之后的观点大有裨益。

有一个容器，装满了气体。如果想追溯每个粒子的运动，就必须从发现它的初始状态开始，也就是所有粒子的初始状态和速度。就算有可能做到，将这个结果落实成文字也会花掉一个人大部分的人生，因为必须考虑的粒子数量过于庞大。如果试着利用经典力学已知的方法来计算粒子最终的位置，这个困难也是无法逾越的。在原则上，有可能使用预测行星运动的方法，但是在实践上这毫无用处，且不得不让位给统计方法。这个方法无须知道任何准确的初始状态。我们对于任意时刻的系统知之甚少，从而也无法对它的过去或未来详说一二。气体单个微粒的命运变得无关紧要。这个问题有完全不同的属性。比如，我们不问：“此刻，每个粒子的速度是多少？”而可能问：“有多少粒子的速度每秒在1000到1100英尺之间？”我们对个体毫不关心，试图决定的是代表整个集合的平均值。显然，只有当系统包含大量个体时，推论的统计方法才有意义。

通过应用统计方法，我们无法预测集群中个体的行为。我们只能预测个体的可能性，即它会有某种特定的行为。如果统计定律显示，三分之一的粒子速度在每秒1000到1100英尺之间，这意味着，重复观察诸多粒子，我们都将切实得到这个均值，也就是有三分之一的可能会发现粒子出现在这个范围内。

同样，要知道大社区的出生率不需要知道每个家庭出生孩子的数量。这意味着，统计方法导致的是组成个体的无关紧要。

观察大量汽车的牌照时，我们很快就会发现有三分之一的车牌，数字是可以被3整除的。但我们无法预测下一秒通过的车牌号是否也有这个特征。统计定律只能用于大的集合，但不适用于集合下的个体。

现在可以回到量子问题上了。

量子物理的定律具有统计特征。这意味着，它们考虑的不是单一系统，而是特定系统的集合；它们无法借助测量个体而被证实，只能借助一系列重复测量。

放射性衰变是量子物理试图为其构建定律的众多事件之一，一个元素是如何在瞬间转变成另一个元素的。比如说，我们知道，在1600年里，1加仑的镭有一半会衰变，另外一半保持原样。我们可以预测，大约有多少原子在下一个半衰期中衰变。但即便是用理论也无法说明为什么注定是这些原子会衰变。根据现有的知识，我们无权指定让某个原子衰变。原子的命运并不取决于它的年龄。没有任何主导个体行为定律的蛛丝马迹。只能建立统计定律，这个定律主导原子的庞大集合。

换一个例子。在光谱仪前放置某种元素的发光气体，显示出有明确波长的线条。非连续的明确波长组合的出现显示出基本量子的存在，这是原子现象的特征。但这个问题还有另一面。某些光谱线非常清晰，而其他的更显模糊。清晰的线条说明在散发出的特定波长中，有相对较多的光子；模糊的线条则意味着这个波长中的光子数量相对较少。理论再一次只提供了统计性质的说明。每条线对应从高能级到低能级的转换。理论告诉我们的，只有这些可能转换的概率，但是与单独原子的实际转换没有任何关系。这个理论之所以如此成功，是因为这些现象都包括了大量的集合而非单一个体。

看起来，新的量子物理学在某种程度上类似于物质的运动论，因为二者都有统计属性，也都和大集合有关。但并非如此！在这个类比中，重要的不仅是理解相似性，还是理解差异性。物质的运动论和量子物理的相似主要在于它们的统计特征。但差别是什么?

如果我们想知道城市里有多少男人和女人的年龄超过二十岁，必须让每个市民填写表格，表头则是“男性”、“女性”和“年龄”。假设每个回答都是真实的，通过汇总和分类，我们可以获得具有统计性质的结果。表格上每个人的名字和地址不计入。这个统计观点是从个例的信息中得到的。同样，在物质动力学理论中，我们有主导集合的统计定律，那也是在个体定律的基础上获得的。

但是在量子理论中，情况完全不同。在这里，统计定律是直接得出的。个体定律被忽略了。在一个光子或一个电子和两个孔径的例子中，我们见识了不可能像经典物理学中那样描述基本粒子在时空中的运动。量子物理放弃了基本粒子的个体定律，直接阐释了主导集合的统计定律。不可能在量子力学的基础上如同经典物理一般描述一个基本粒子的位置和速度，或者预测它未来的轨迹，量子物理只处理集合，它的定律用于群体而非个体。

几乎没有必要、没有可能，也没有对新奇的偏好会促使我们改变旧的经典观点。应用旧理念的难处只用一个例子就能说明，那就是衍射现象。但也能提一提其他同样有说服力的例子。观念的变换不断推动我们理解现实的尝试。但也总是只有未来能决定，我们选择的是否是某一个可能的出路，是否可能找到更好的解决方法。

我们不得不放弃描述个体在时空中状态的目的，引入具有统计性质的定律。这是当代量子物理的首要特征。

先前，在介绍新的物理实在，比如电磁场和引力场前，我们试着通过以数学的方式概括说明方程组的特征。现在，对于量子物理也该如此，这里指的仅仅是玻尔、德布罗意、薛定谔、海森堡①、狄拉克②和玻恩③的成果。

我们来考虑一个电子的情形。这个电子也许处于任意外部电磁场的影响之下，或者没有处于任何外部的影响下。譬如，它也许会在一个原子核的场中移动，或在晶体中衍射。量子物理教会我们如何为任意此类问题构建数学方程。

振动的琴弦、鼓膜、管乐器，或者其他声学仪器为一类，辐射原子是另一类，二者的相似之处我们早已了解。在主导声学问题和量子物理问题的数学方程组中也有同样的相似点。但是在两个例子中定量的物理解释大为不同。尽管在方程组的形式上有些许相像，但描述振动的琴弦和辐射原子的物理数字有着迥然不同的含义。对于琴弦，我们谈论的是任意点在任意时刻对正常位置的偏移。知道了振动琴弦在给定时刻的形式之后，我们就知道了预期中的一切，从而可以通过振动琴弦的数学方程组，测量在其他时刻相较于正常位置的偏移。可以用更严格的方式来表述琴弦上每一点从正常位

---

① 沃纳·卡尔·海森堡（Werner Karl Heisenberg，1901—1976），德国著名物理学家，量子力学的主要创始人，1932年获诺贝尔物理学奖。

② 保罗·狄拉克（Paul Dirac，1902—1984），英国理论物理学家，量子力学的奠基者之一。

③ 马克斯·玻恩（Max Born，1882—1970），德国犹太裔理论物理学家，量子力学奠基人之一，1954年获诺贝尔物理学奖。

置发生的偏移：在任何时刻，从正常位置的偏移是琴弦坐标系的**函数**。琴弦上的所有点组成了一维连续体，而偏移是在一维连续体中的确定函数，可以从振动琴弦的方程组中计算得出。

与之类似，在一个电子的情况中，规定了电子在任意位置、任意时刻下的确定函数，我们可以管这种函数叫**概率波**。在类比中，概率波对应的是声学问题中对正常位置的偏移。在任意时刻，概率波都是三维连续体的函数，然而，在琴弦的例子中，任意时刻的偏离是一维连续体的函数。概率波成了发展中的、量子系统知识体系的一部分，而且让我们能够回答所有和这个系统有关的、合理的统计问题。它不会告诉我们一个点在任意时刻的位置和速度——因为这样的问题在量子物理中没有意义。但它将告诉我们在特定位置遇到电子的概率，或者有最大可能遇到电子的位置是哪里。这个结果指向的不是一个而是多个重复的测量。所以，量子物理的方程组判定了概率波，就如麦克斯韦方程组判定了电磁场，以及引力方程组判定了引力场。量子物理的定律也是结构定律。但是，量子物理这些方程组判定出的物理概念的意义比电磁场和引力场的更加抽象，它们提供的数学回答只具备统计性质。

至今为止，我们考虑了在某些外部场中的电子。如果没有电子，即最小的潜在电荷，而是包含了数十亿个电子的可观电荷，我们就会完全忽视量子理论，而依据老旧的前量子物理学来考虑这个问题。比如说电线中的电流，无论是带电导体还是电磁波，我们都可以应用麦克斯韦方程组中包含的古老、简单的物理学。但是，涉及光电效应、光谱线密度、辐射、电子波的衍射以及其他许多表现出物质和能量的量子特征的现象时，我们不能这么做。可以说，在那时，我们必须走向更高一层。尽管在经典物理学中，我们讨论一个粒子的位置和速度，但现在必须考虑单一粒子在三维连续体中的概率波。

如果我们曾经从经典物理的角度学习过如何处理类似的问题，那么量子物理将给出不同的解决问题的方案。

对于单一的基本粒子——电子或者光子，我们有三维连续体中的概率波，如果实验频繁重复，整个系统会具备统计行为。但是，如果不是一个而是有两个相互作用的粒子呢，比如说，两个电子、电子和光子，或者电子和原子核？那就不能把它们分开考虑，然后用三维中的概率波分别描述，因为它们之间有相互作用。实际上，并没有那么难猜出该如何描述两个互相作用粒子组成的量子物理系统。我们不得不下降一层，暂时回到经典物理。空间中两个物质点的位置，在任何时刻都是由六个数字决定的，每一个物质点拥有三个数字。这两个物质点的所有可能位置组成了一个六维连续体，而不是一个物质点中的三维连续体。如果再升一层，回到量子物理，我们就有了六维连续体中的概率波，而不是只有一个粒子时的三维连续体。同样，对于三个、四个，甚至更多粒子而言，概率波将会在九维、十二维以及更多维度的连续体中发生作用。

显然，概率波要比电磁场和引力场抽象得多，后两者遍布于三维空间中。多维连续体组成了概率波的背景，只有在一个粒子中，维度的数量才会与物理空间中的一致。概率波唯一的物理学意义在于，它让我们能够回答深奥的统计问题，无论是在一个粒子还是多个粒子中。因此，举例而言，对于一个电子，我们可以求出在特定位置遇到一个电子的概率；对于两个粒子，问题则是：在给定时刻，在两个确定位置遇到这两个粒子的概率是多少?

离开经典物理学的第一步是放弃把个例当成时空客观事件的描述，我们被迫使用概率波提供的统计方法。一旦选择了这条路，我们就有责任在抽象的道路上一往无前。因此，必须引入多粒子问题对应的多维概率波。

简单起见，让我们管量子物理以外的一切叫作经典物理。经典物理和量子物理差异悬殊。经典物理旨在描述空间中物体以及它们随时间变化的定律。但是，诸多揭示了物质和辐射的粒子及波动性、显而易见的统计特征的基本事件，比如放射性衰变、衍射、光谱线的发射等都迫使我们放弃这个观点。量子物理的目的确实不是描述空间中的单一物体及它在时间中的变化。在量子物理中，这样的说法是没有地位的：“这个物体如何，有什么特质。”相反，我们有控制变化概率的定律。量子物理给物理学带来的改变仅这一个就能够解释事件之间显然不连续的统计特征，这些事件发生在物质的基本量子现象里，辐射则揭示了它们的存在。

然而理论才刚起步，还产生了更多复杂的问题，并且尚未盖棺定论。我们只能列举部分未解决的问题。科学也永远不会是一本完结的书，每一次重要的进步都会带来新的问题。长期来看，每一个发展都揭示了更新而且深刻的难题。

我们已经知道，在一个或多个粒子的简单情形中，可以从经典物理学描述提升至量子描述，从时空事件的客观描述提升至概率波。但我们还记得经典物理学中至关重要的场概念，如何描述实物和场的基本量子之间的相互作用呢？如果量子描述十个粒子需要三十个维度的概率波，那么就得有具有无限维度的概率波用作场的量子描述。从经典场概念转向量子物理中对应的概率波问题是极其艰难的一步。在此，向前一步可不是简单的任务，目前做出的所有解决这个问题的努力，必将被认为是不合适的。还有一个根本性问题。在关于从经典物理学转向量子物理的所有观点中，我们使用了旧的、非相对论的描述，在那里将时间和空间分开考虑。然而，如果我们试着从相对论的经典描述开始推导，那么上升至量子问题就更加复杂了。这是当代物理学家要解决的另一个问题，离圆满且合适的解决方法相去甚远。还有一个更大的困难在于，对形成原子核的重粒子还没有构建统一的物理学理论。尽管有许多实验数据和尝试为原子核问题带来了曙光，但我们依然对这一领域的某些最基本问题茫然无知。

毫无疑问，量子物理解释了极为丰富、多样的事实，也在绝大多数上取得了理论和观察上的完美统一。新的量子物理把我们从老的经典力学观点中远远推开，它似乎是史无前例地颠覆了前者。但是，毋庸置疑，量子物理必须依然基于两个概念：实物和场。从这个意义上说，这是一个二元理论，也没有让将所有现象简化至场概念这个老问题更接近实现。

未来的进步是会沿着量子物理选择的道路，还是新的革命性概念引入物理学的可能性更大呢？进步之路会如过去常常发生的那样再一次发生剧变吗？

在过去几年里，量子物理的所有难题都集中在少数基本点上。物理学正在急切地等待解决方案。但前路茫茫，无法预测在什么时候、什么领域，才会迎来这些难题的明确解答。

物理与现实

从本书粗略描绘的物理学的基本概念发展中可以得出什么样的一般性结论呢?

科学并非仅仅是定律的集合，或是各种不相关事实的名录，它是可以自由创造观点和概念的人类智慧的创造物。物理学理论试着构建一个真实图景，并且与感官印象的广阔世界建立起联系。因此，心灵结构唯一的判断标准是：我们的理论是否以某种方式建立起这样的联系。

我们见证了脱胎于物理学进步的新的实在，但造物的链条可以追溯至很久以前的物理学之始。最朴素的概念之一就是客观物体。一棵树、一匹马，任何物质体，它们的概念都是基于经验的创造物，尽管由此而来的印象于物理现象相比是非常简单的。猫追逐老鼠，也是通过思考创造出它最初的实在。猫遇到任何老鼠都会采取相似的反应。这个事实说明，通过感官印象形成的概念指导了猫的行为。

“三棵树”和“两棵树”是不一样的，“两棵树”和“两块石头”也不一样。纯数字的概念，譬如2、3、4……脱离了它们产生的对象。概念就是思维的造物，而思维描述的是我们这个世界的现实。

对时间的心理主观感受让我们能够梳理自己的记忆，陈述事件的先后。但是，要把时间看成一维连续体，要用数字连接时间的每个瞬间得使用钟表，这就已经是发明了。欧氏几何、非欧氏几何的概念，以及把空间理解成三维连续体，都是这样的发明。

物理学确实是从物质、力和惯性系的发明开始的。这些概念全都是纯粹的创造。它们引出了机械观的形成。对于19世纪早期的物理学家，外部世界的现实由质点组成，质点之间有仅仅取决于距离的、简单的力在起作用。他试图尽可能地延伸自己的信念，就是用这些现实的基础概念来成功解释自然中的所有事件。磁针偏移的难题，还有以太力学结构的难题，促使我们创造更精细的实在。电磁场这一重要发明出现了。需要勇敢的科学想象才能充分理解，并不是物体的运动，而是物体之间某种东西的运动，也就是场，才是捋清、理解事件的关键。

后来的发展同时摧毁了旧的概念，也创造了新的概念。相对论废除了绝对时间和惯性坐标系。所有事件的背景不再是一维时间和三维空间连续体，而是具有转换特质的四维时空连续体，这是另一个纯粹的发明。再也不需要惯性坐标系了，每一个坐标系统都适用于对自然事件的描述。

量子理论再一次创造出崭新且关键的实在。非连续性取代了连续性。不再是主导个体的理论，而是出现了概率定律。

当代物理学创造的实在实际上已经远远脱离了早期的实在，但每一个物理理论的目的还是一样的。

借助物理理论，我们试着找出穿过已观测到的现实迷宫的道路，有序地理解感官印象中的世界。我们希望对现实的理解能合理地遵循观察到的事实。没有抓取现实建构理论的信念，没有对世界内在和谐的信念，就不可能有科学。这种信念是，将来也会一直是，所有科学创造的基本动力。通过我们所有的努力，在每一次新旧概念的艰难抉择中，我们坚信对理解现实的永恒渴望，以及我们对世界和谐性的坚定信念。在探求道路上遭遇的困难愈多，这种信念就愈增强。

总结：

原子现象领域丰富多样的事实再一次迫使我们发明出新的物理概念。物质具备微粒结构。它是由基本粒子组成，也就是物质的基本量子。所以，电荷具有微粒结构，而且，从量子论观点来说，最重要的是，能也具有微粒结构。组成光的光子是能量子。

光是波还是光子束呢？一束电子是基本粒子还是波呢？实验迫使物理学去考虑这些基本问题。在寻找答案的过程中，我们不能像描述空间与时间中的现象那样去描述原子现象，而是进一步回避旧的机械观。量子物理学形成的定律支配的是群体而非个体。描述的不再是特征而是可能性，形成的定律不再能预测未来，而只支配概率随时间的变化以及关联于个体所组成的大集合的规律。